生物教学模式与实验创新

李金梅 著

吉林科学技术出版社

图书在版编目（CIP）数据

生物教学模式与实验创新 / 李金梅著． -- 长春：
吉林科学技术出版社，2019.10
ISBN 978-7-5578-6160-5

Ⅰ．①生… Ⅱ．①李… Ⅲ．①生物学教学－教学模式－研
究②生物学教学－教学实验－研究 Ⅳ．①Q-4

中国版本图书馆 CIP 数据核字 (2019) 第 232690 号

生物教学模式与实验创新

著　　者	李金梅
出 版 人	李　梁
责任编辑	端金香
封面设计	刘　华
制　　版	王　朋
开　　本	185mm×260mm
字　　数	220 千字
印　　张	10
版　　次	2019 年 10 月第 1 版
印　　次	2019 年 10 月第 1 次印刷
出　　版	吉林科学技术出版社
发　　行	吉林科学技术出版社
地　　址	长春市福祉大路 5788 号出版集团 A 座
邮　　编	130118

发行部电话 / 传真　0431—81629529　　81629530　　81629531
　　　　　　　　　　81629532　　81629533　　81629534

储运部电话　0431—86059116

编辑部电话　0431—81629517

网　　址	www.jlstp.net
印　　刷	北京宝莲鸿图科技有限公司
书　　号	ISBN 978-7-5578-6160-5
定　　价	51.00 元

前　言

　　现如今的时代是知识大爆炸的时代，也是信息化、数字化当道的时代，在这个时代的海洋中，如果不持续充电，不终身学习，就会被贴上"淘汰"的标签，随着风浪而沉溺在茫茫大海之中，所谓"逆水行舟，不进则退"就是这个时代的真实写照。现如今的学习又不同于古代的死记硬背，天天机械性的背背四书五经，八股文，就能天下无敌，称霸一方，这种求知方式，也只能适用于古代社会了，对于现时代的学习来说，更加考虑的是学习的兴趣，学习的渴望，学习的方法，比记住一些死知识受用一生，对于现在的学校教育，教师更重要的使命是授之以渔，而不是仅仅授之以鱼，我们要做就要做最好的教育，对学生负责任的教育，让这些祖国未来的建设者们更加全面的发展、更加有个性的发展。教育是关乎国本的大事，改革是摆脱旧思想的有力武器，新一轮的课程改革改变了落后的教育观念，并且对整个教育界进行了一次大的洗礼。在新思潮的影响下，初中生物教学取得了显著成效，但是也存在着一些问题，如教学方式仍然单一，仍以大量的讲述为主，学习小组形式化，没有起到应有的作用，信息技术没有很好的使用，学生课堂参与度不高，等等。这些问题的出现，不得不使我们重回课堂，认真的思考新课改的实质，提出有效的解决办法，研究出适合中学生物课堂的教学模式。

　　据此，作者在总结梳理前人相关研究的基础上，编写了《生物教学模式与实验创新》一书。本书共分为6章，其中包括：探究式教学模式的设计与实践、游戏化教学模式的设计与实践、翻转课堂教学模式的设计与实践、PBL教学模式的设计与实践、学案导学教学模式的设计与实践、初中生物探究性实验教学创新设计与实践、附录。具体来说，主要探讨了初中生物教学的常见模式，并结合大量的教学实践与问卷调查，研究了其教学的现状及教学效果，从中分析教学模式存在的问题，并给出具体的对策。此外，本书还以探究性实验教学为例，探讨了初中生物实验教学的创新方法，力求为我国初中生物教学的发展和改革提供一些有价值的思考。

　　本书在写作过程中参考引用了许多国内外专家、学者的研究成果，在此表示衷心的感谢！尽管本书的编者本着严谨的治学态度和高度的工作热情编写本书，但书中仍可能存在某些不足，敬请广大读者批评指正。

目　录

第一章　探究式教学模式的设计与实践

第一节　探究式教学模式概述

一、探究式教学概述

（一）探究式教学的概念

目前，对于探究式教学还没有一个明确的定义，但是从过程上来看，众多对于探究式教学的观点主要分为如下两类：第一种观点是指学生在教师的指导下，学习主动参与、发现问题，并主动去寻找答案的教学活动；另一种观点认为探究式教学的实质就是将科学领域的探究活动引入到课堂上，让学生通过类似于科学研究的方法来理解知识的本质，从而培养学生科研探索能力的一种教学方法。虽然，两种观点的偏重点不同，第一类观点偏重于探究式教学时学生参与的教学活动，而第二类观点则是认为探究式教学时培养学生探究能力的教学方法。但是，这两种观点都认为探究式教学是以探究为目的，促进学生对科学进行探究，以学生能力培养为目的的教学活动。

基于如上两个方面的对探究式学习概念的探讨，可以看出探究式教学具有如下的特点：①强调学生学习的自主性，让学生自主观察自然事物的现象，并且借助科学探究方法进入学习过程；②课程的活动性特点，培养学生探究能力是探究式教学的主要目的之一，通过学生在探究过程中的活动，来得到体现和训练；③重视过程，探究式教学的主要目的是形成科学认识的基础，这个过程并不是一蹴而就的，而是有一个从具体的形象思维观察到最终理性思维的发展过程，在探究式教学中，探究活动的结果并不是最重要的，而更看重的是学生如何在探究活动中去进行思索和探讨；④强调科学精神的培养，培养学生探究世界的积极态度，在探究式教学中，既有学生的自我钻研、独立思考和自我决策，又需要学生在讨论中容忍他人观点的态度，强调尊重科学事实的态度，既重视个性的发展，又重视课堂上民主的合作氛围。

（二）探究式教学的原则

结合前面所述的探究式教学特点，在进行探究式教学过程中，必须要遵循如下的几个基本原则

（1）情境性原则

探究式教学是从发现问题开始的，在教学过程中，教师要充分考虑学科特点，和学生的认知特点来设置一些情境，通过情境来让学生在好奇、惊奇中发现问题，

从而向他们打开问题的阀门，激发他们进行深入探究的兴趣。

（2）层次性原则

基于具体的教学学情，和学生已有的操作技能水平、知识水平和思维能力水平，教师应该有针对性的确定一些探究式教学活动的目标、方法和内容。应该根据学生具体的年龄特点，分阶段的培养学生的科学探究能力。同时，探究式教学应该满足学生发展的需要，尊重学生的需要，鼓励所有的学生参与，但是同时也应该注意学生个体的差异性，采用多层次的评价手段来促进和引导不同学生的探究能力发展。

（3）活动性原则

活动是科学探究的基本属性之一，特别是在初中生物教学课堂上，包括了一系列的观察、实验、操作、调查研究等活动。在探究式教学过程中，应该以问题为中心来组织课堂教学，并且在活动中注重引导学生主动发现问题，针对问题来探索解决问题的方法和途径。在教学过程中，教师也要亲身体验科学探究的过程，对学生的探究行为进行指导，在科学活动中培养学生的实践能力和科学素养。

（4）自主性原则

以发展学生的个体性为中心来组织教学，所实施的教学策略要以培养学生的自主学习能力和自主探究能力为核心，让学生主动参与到活动中，通过亲自体验来理解科学产生和发展，让学生真正成为学习的主人。

（三）探究式教学的模式

由于探究式教育的特点和优点，国内外很多专家学者提出了很多探究式教学的模式，其中较为具有代表性的探究式教学模式主要包括：

（1）萨其曼探究式教学模式

萨其曼探究式教学模式包括如下三个基本的要素：①要吸引学生注意力，通过一些能够吸引或激发学生兴趣的事件或者现象来进行导入；②可以让学生在活动中自主的探索和想象；③要有一个能够支撑学生去探索和想象的外部环境。

萨其曼探究式教学模式的基本过程为：从学生感兴趣的现象或者事件开始，学生根据所观察的现象或者事件提出问题，当学生通过观察、思索、探究获得了推测性的假设之后，通过提问或者实践来检验自己的假设。

（2）有结构的探究教学模式

在这种教学模式中，教师提出需要调查研究的问题，并且为学生提供解决问题所需要的方法和材料，但是不向学生提供给预期的结果。而需要学生在教师的引导下，自己根据所收集的数据进行探究和总结，并且发现其中的规律和联系，最终得到问题的答案。

（3）自主探究教学模式

让学生在探究活动中自主独立完成所有的探究任务，这种教学模式具有科学研究的特点，属于较为深层次的探究教学模式，要求学生具有一定的知识基础和探究能力。

（4）学习环教学模式

学习环是一种科学教学模式，目前被广泛地应用在探究式教学中，其基本的程序包括：①探索阶段，让学生根据某个特定的目标进行各种探索活动，积累经验；②概念阶段，让学生根据探索阶段所积累的经验，进行总结概括；③应用阶段，让学生有机会将概括所得到的结论应用到不同的背景中去。

（5）引导—探究教学模式

引导—探究教学模式是我国教学实践重视应用较为广泛的一种教学模式，在教师的引导下，让学生从观察、实验出发，来进行探索，最终得出科学的结论。

二、初中生物探究式教学可行性

学生、教师和教材是教学的三大组成部分，为此在本书的这一部分，也主要从学生、教师和教材这三个方面来分析初中生物课堂实施探究式教学的可行性。

（一）从教材的角度

自从我国开始全面实施新课程改革以来，根据初中教育阶段的学生发展心理特点、生理特点，和新课改的特点，全国有多个生物实验教材通过了中小学教材审定委员会的审查。这些新教材中基于新课改理念，具有如下十分鲜明的特点：

（1）提供了贴近现实生活的学习素材

在新教材中强调生物探究活动的重要性，并且从学生感兴趣的问题，或者与学生现实生活相近的问题着手，力求激发学生的求知欲望。体现了新教材从学生角度出发，从学生的实践出发的特点。例如，在《分布广泛的细菌和真菌》一章中，就设置了"细菌"、"真菌"和"细菌和真菌的分布"等内容，让学生通过对现实生活中的"水果上长毛"、"馒头变质长毛"等现象来理解现实中细菌和真菌之间的关系，从而让学生更加确切的理解和掌握生活中细菌和真菌的特点。

（2）为学生提供足够的探索和交流的时间和空间

在新课标中，对初中生物教学明确提出了如下的要求："生物学科的探究式教学是一个不断探究的过程，强调众多理论和事实的结合"。希望通过引导学生主动参与、勤于动手、乐于探究，来慢慢培养学生的各种能力，例如学生收集和处理科学信息的能力，交流和合作的能力等。初中生物的新教材设有"科学·技术·社会"、"课外实践"、"技能训练"、"观察与思考"、"资料分析"等栏目，在为学生提供学习素材的基础上，让学生可以根据自己已有的知识背景和活动经验进行学习和思考问题。

（3）满足各个层次学生发展的需求

初中生物新教材考虑了各个层次的学生需求，在力求让所有的初中生都达到同样的基本要求的同时，还提供了很多有效的资料和机会来满足不同层次学生学习生物的需求，例如在教材中的"资料分析"、"科学·技术·社会"等栏目中，

提供了很多生物发展史的材料、科学小故事或者一些生活中常见的现象，以及一些初中生物知识延伸过程的介绍等。新教材设置这些栏目的目的就是为了能够满足不同层次学生的需要，让不同层次的学生有更多的了解生物、研究生物的机会，充分体现了新课改中促进每个学生充分发展，同时坚持了因材施教的原则。

（二）从学生的角度

绝大多数的初中生都处于 14～16 岁之间，这个时候正是人生育发展的关键时期，大多处于青春期这个特殊的时期。在这个时期，人的心理和生理都会发生明显的变化，具体表现在很多独特的心理特点和生理特点。在心理上，初中生青春期的一些特征对于学生的发展来说，是一把"双刃剑"，在这个时期，初中生都喜欢按照自己的意识来办事，喜欢对一些问题进行争论，并敢于怀疑一切。在青春期，初中生开始增强学习的主动性，主动地为自己确定一些发展的目标，并期望通过自己的努力，去完成既定的发展目标，对于教师在课堂上"灌输"给他们的知识，通常都会抱怀疑态度，不愿意轻易接受，表现出对他人观点、教师观点不轻信、不盲信的特点。在生理上，他们可能表现出喜欢参加各种活动，并且有强烈的表现欲望。

在青春期的学生有较强的求知欲，并且有较为广泛的兴趣，对于"有挑战性"的任务非常感兴趣，有较强的自我发展意识，对于自己所不了解的问题，都有较强的驱动力迫使他们主动对外部世界进行探索。在初中生物探究式教学中，提供了充分的教学活动来表现自己和发展自己，从而让学生感到生物学习和生物知识的重要性。

综上所述，从初中生角度来看，由于初中生的心理、生理学习特点，在初中生物课堂上开展探究式教学也是完全可行的。

（三）从教师的角度

作为教学模式的设计者和执行者，教师能力、素质的高低对于初中生物探究式教学的顺利实施有非

常重要的影响。近年来，随着人们对教育的重视，在国家和各地教育部门的共同努力下，初中生物教师的能力和素质稳定提高。

为了提高教师的能力和素质，国家制定、颁布了很多有针对性的措施，通过加强对教师的培训，大幅度地提高了整个教师的队伍的素质，改善了国家教育教学环境。教育部也要求教师应该接收各种培训，来提高教师的素质，同时也为初中生物探究式教学的开展打下了坚实的基础。除此之外，各地的教育部门也陆续制定了提高教师素养的措施，例如请专家名师对教师进行培训，召开会议对新课标理念和标准的探讨，在初中开展教学改革实验，大规模的组织教师进行研讨和培训等方式来大幅度的提高教师综合素质。国家和地方教育部门的这些措施为初中生物课堂开展探究式教学打下了坚实的基础。

第二节　探究式教学模式的课程设计

基于前面所分析的初中生物探究式教学的主要内容和基本原则，根据本书自己多年的工作经验，将初中生物探究式教学过程划分为提出问题、做出假设、制定计划、实施计划、得出结论、表达与交流六个步骤，并对初中生物探究式教学课堂的整体设计如下所示：

一、初中生物探究式教学模式问题的提出

问题是探究式教学研究的目标，同时也是探究式教学的起点。在探究式教学课堂上，基于学生主体性原则，在课堂上，教师应该根据学生的特点，学会让学生主动提出问题。提出问题的环节需要注意如下几个方面的内容：

（一）培养学生主动提问的兴趣

兴趣是最好的老师，只有学生对课堂学习内容有足够的兴趣，学生才会产生强烈的探索欲望，自发的调动全部感官来主动、积极地参与到课堂上，参与到探究活动中来。因此，教师给出的实验材料和探究情境，应该能够有效地激发学生的提问兴趣。基于建构主义理论，只有当学生对外界的认识与自己的知识体系结构产生了强烈的冲突之后，才能有效地让学生构建新的知识。

例如在根据生物特征进行分类这一章教学时可以给学生展示图 4-1 两张图片，采用小组竞赛的方法，看哪个小组提出的问题最多，学生会提出如下许多问题：如兔子和猫的颜色不同？兔子和猫的眼睛生长位置不同？等等，在提问过程中，教师不需要计较问题的正确性和合理性，而是应该鼓励学生以主动提问为目的，让学生大胆地提出自己的问题。最后，教师可以根据这些问题引出课程的内容，并且根据这些内容对动物进行分类的教学。

如果当学生在课堂上提问的兴趣不高时，这是就需要老师充分发挥引导者的作用，来引导学生进行课堂提问。例如，本书在课堂上，展示了达尔文所描绘的加拉帕斯地雀的四种鸟喙的形状，并且布置了如下的情境让学生进行提问：假设你是一名记者，在看到这四张图之后，你准备向达尔文提出什么样的问题？在课堂上，并没有学生主动来回答，为了提高学生的兴趣，在课堂上本书就主动说："也是，你们看它们的喙都是用来取食的，怎么可能会有差别嘛"。这时就有学生马上提出了反对意见："怎么没有差别啊，你看它们的形状就各不相同"。然后，就有学生开始小声地讨论，这种鸟喙粗而短，另一种鸟喙长而尖等等。由于初中生的逆反心理较强，当直接发问学生都不愿意回答时，教师可以反其道而行之，学生可能会为了炫耀自己的发现而对教师进行反驳，从而带动课堂的气氛。

（二）引导学生将问题深刻化

在课堂上，教师应该有意识的鼓励学生提出问题，并且敏锐的去感知学生提出的问题。由于受到学生知识体系结构和生活实践经验的影响，有时候学生提出的问题可能只是停留在初级阶段，这个时候就需要教师进行引导，通过对学生所提问题的整理，引导学生将所提的问题深刻化，从而得出真正能够指引学生继续进行深入探究的问题。

例如在"细胞吸水和失水"实验中，可以按如下思路进行设计：①在新鲜白菜叶上撒上食盐会出现什么现象？②将萎蔫的白菜叶放到清水中浸泡之后，又会出现时又会出现什么现象？③为什么会发生这些现象？…等等一系列的问题。这些问题从直观的表现问题出发，通过逐步深化，慢慢转变为体现生物知识现象本质的问题，从而将对现实问题的提问与生物知识学习结合起来。

二、初中生物探究式教学模式中的假设

在探究式学习过程中，针对所提出的问题，做出的假设必须要注意如下几个方面的内容。

（一）要有一定的依据

学生在课堂上所提的问题，不能够使天马行空乱想一气的，例如在课堂上探究鱼鳍的作用时，如果学生做出了"鱼鳃是鱼用来在水中呼吸的"这样一个假设时，那么就将鱼鳍与鱼鳃完全混淆了，不利于探究式教学的进一步实施。

在课堂上，可以让学生根据所提的问题做出一定的假设，然后教师对学生所提的假设进行初步判断，如果学生提出的问题不符合需要，就需要自己来引导学生针对问题进行假设。在初中生物探究式教学课堂上，针对问题做出假设包括如下三个步骤：①根据问题获得需要的信息；②对信息进行推测；③根据推测获得初步的假设。因此可以看出，在作假设时，必须要具备一定的知识经验。

例如："大葱暴露在外面的部分是绿色的，而在土中的部分是白色的；白萝卜在土中的部分是白色的，暴露在外面的部分是绿色的，根据这个问题，你们可以做出什么样的假设？"在这个问题中，学生就提出了如下的假设"光照会影响植物叶绿素的生长"、"植物表面与土壤接触会影响叶绿素生长"等等。在这个时候，教师一定不能够根据自己的知识体系结构来帮助学生主动剔除掉不合理的假设，而是应该从学生已有知识体系结构和实际生活经验的基础上来分析假设的合理性，例如在如上两个假设，从初中生的角度来说，两种假设都有一定的合理性，所以都认为是合理的假设。

（二）要具备可验证性

教师需要保证学生所提出的假设或者自己所作出假设必须要具备实验可验证性，即可以在同等的条件下进行反复实验，并且能够证明结论的可靠性和存在性。例如，在学生做出了"鲫鱼依靠鱼鳍来保持在水中的平衡"的假设时，可以使用模板和细线将鱼鳍绑住来做对比实验，通过反复的实验来对所作出的假设进行验证。

三、初中生物探究式教学模式的计划

在初中生物教材中，几乎所有的探究实验都是对照实验，在制定对假设进行验证的实验中，应该强调对照实验和实验变量的唯一性，在研究条件对对象的影响时，应该进行除了这种条件不同以外，其他实验条件相同的实验，即对照实验。

（一）确定实验变量

在对照实验中，实验变量为唯一不同的实验条件，可以根据实验目标来确定实验变量。例如在"甲状腺激素对蝌蚪发育的影响"对照实验记录中，甲组添加了甲状腺激素，而乙组未添加。并且根据蝌蚪的变化情况进行了记录如表 1-1 所示。

表 1-1　蝌蚪发育变化时间记录表

—	后肢长出平均时间	前肢长出平均时间	尾脱落的平均时间	尾脱落时的平均体长
甲组	4 天	7 天	26 天	0.7cm
乙组	5 天	9 天	37 天	1.3cm

在这个实验中，由于需要验证的是甲状腺激素在蝌蚪生长过程中的影响，为此，有的学生认为：实验变量为是否有甲状腺激素，但是有的学生立马提出了反对意见：蝌蚪本身也会产生甲状腺激素，因此实验的变量应该是甲状腺激素的多少。

在初中生物探究式教学过程中，只有在明确了实验变量之后，才能够更好地实施探究实验计划，否则就会让学生在做实验验证假设的过程中，不知所措，不知道应该如何继续进行实验。

（二）确定控制条件

在设置实验时，既可以排除无关变量的影响，同时也可以更好的说明实验结果的说服力和可信度。在研究"培养真菌和细菌的一般方法"实验过程中，提出了："是否需要设置对照？"的问题，学生就认为，如果不设置对照组，那么就无法确认细菌的培养条件，导致实验结果缺乏必要地依据。

在"证明细菌对植物遗体的分解作用"探究实验中，同学分别提出了如下三种实验方案：采用同一种树的落叶，分为甲乙两组，在实验过程中通过蒸馏水来保持树叶的潮湿，并且进行了如下的方案设计：

方案一：将甲组树叶放在无菌的条件下，将乙组树叶暴露在空气中自然放置。方案二：将甲组灭菌自后放在无菌的条件下，将乙组暴露在空气中自然放置。方案三：再将甲乙两组都进行灭菌之后，将甲组树叶放在无菌的条件下，将乙组暴露在空气中自然放置。

在方案三中，排除了其他微生物对实验结果的影响，从而使得得出的结论更加具有理论依据。

四、初中生物探究式教学模式的实施

在确定了实验方案之后，就需要开始进行具体的实验实施，在计划实施过程中，需要注意如下几个要点。

（一）规范使用实验器具

在实验过程中，需要确保学生能够正确的使用实验器具，从而不仅可以保证器具的安全性，同时也有助于保证实验的正常进行。

例如在"植物细胞结构"实验中，就要求学生能够正确掌握显微镜的用法，如果学生无法正确、规范的使用显微镜，那么也就无法看到真实的、放大的动植物细胞，会影响最终的实验结果。

又如在"池塘水中是否存在微小生物"的实验中，必须要求学生熟练掌握仪器用具的使用，否则就不能够通过显微镜来看到池塘水中草履虫等微小生物，也无法得到正确的实验结果，影响实验结果的合理性和说服力。

（二）正确选择实验材料

初中生物课堂上的实验材料主要包括可以直接获得的实验材料和无法直接获得的模拟实验材料两种。

例如在"水分在茎内的运输途径"实验中，使用木本植物的一小段茎作为实验的原材料，通过阳光直晒几小时后，就可以看到变红的叶脉，这种方式所需要的实验时间较长，因此虽然直接材料获取容易，但是大多教师在授课中都是通过口头讲述来让学生理解实验的过程。在这种情况下，教师就应该根据实际情况来进行实验的改进，例如在实验过程中，将草本植物的一小段茎放在1∶1比例的红墨水中，只需要短短的几分钟时间就可以看到叶脉明显变红，实验效果非常明显。这种改进后的实验优点在于：①耗时短，实验材料取材容易；②实验效果明显，能激发学生学习生物科学的兴趣。

在初中生物教学过程中，很多科学探究实验会因为条件的限制而无法展开，因此只能够单纯地依靠教师的口头讲述，或者依靠学生自己的理解能力来完成，这样就会导致学生对于一些初中生物的知识点掌握不牢靠，只能够依靠死记硬背，最终造成学生对生物学科的抵触情绪。在这种情况下，教师级应该想尽办法，通过各种方法来提高生物知识学习的趣味性。

例如在生物教材中有这样的一段文字：如图1-1所示，保卫细胞与其他细胞不同，保卫细胞的细胞壁厚薄不均匀，靠近气孔腔的保卫细胞外壁厚，不宜伸展；气孔腔的内壁薄，更容易伸展。在细胞吸水后，保卫细胞的内壁伸展拉长，牵动外壁向内凹陷，从而使得气孔张开；当细胞失水时，保卫细胞的内外比拉直，使得气孔闭合。

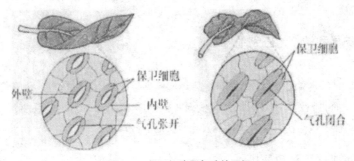

图1-1 保卫细胞即气孔的开闭

如果单纯从给文字上来理解，可能很多学生都无法理解正常情况下的保卫细胞气孔开闭情况。为此，本书在这段文字的解释不做任何说明，直接让学生分组讨论，并且模拟气孔的工作情况。没想到，通过学生的讨论，他们的模拟实验反而非常成功。例如一个分组的学生是如下进行设计的：①取两厚，两薄四个气球，模拟保卫细胞的细胞壁；②将一个厚壁气球与一个薄壁的气球粘在一起，厚壁气球模拟保卫细胞外壁，而薄壁气球模拟保卫细胞内壁，将乙组两个气球模拟的保卫细胞称之为保卫细胞1号，另外两个气球进行同样处理，称之为保卫细胞2号；③将两个细胞的前后两段困扎在一起，中间的空腔模拟气孔；④模拟细胞吸水过程，向四个气球充气，看到保卫细胞内壁气球扩展较快，内壁气球膨胀家较快，带动外壁向内凹陷，1、2号保卫细胞气孔张开；⑤模拟细胞失水过程，将四个气球缓慢放气，1、2号保卫细胞内外比都拉直，气孔闭合。

从上面的实例可以看出，在教师教学过程中，教师应该根据实际情况，选择合适的方法来选择合适的实验材料，最终确保计划的正常实施。

（三）真实记录实验数据

例如在"光对鼠妇生活的影响"实验中，要求各小组将他们记录的实验数据填写到表格中，记录不同时间、不同光环境下鼠妇的数量。

表 1-2　不同时间、不同环境下的鼠妇数量

	2分钟	3分钟	4分钟	5分钟	6分钟	7分钟	8分钟	9分钟	10分钟
黑暗									
明亮									

在实验过程中，当有一个小组公布他们的实验数据为在黑暗处有 2 只鼠妇，在明亮处有 8 只鼠妇时，旁边的小组马上指责他们的数据是经过修改过的。因为，学生之前所做的假设就是："光照会影响鼠妇的生活，鼠妇更加喜欢待在黑暗的地方"，为此在实验过程中，学生往往不自觉地在实验过程中，去"修正"他们的实验数据，以避免实验"失败"。这种做法是非常错误的，在实验过程中，教师一定要指导学生真实的记录实验数据，如果发现得出的结论与现实不符，那么就应该认真分析，小心论证，通过多次重复实验，来增强实验结果的说服力。

五、初中生物探究式教学模式的结论

在通过实验，得到了实验数据之后，就可以根据实验数据，来得到假设是否正确的结论。在通过实验结果得出结论的过程中，需要注意如下几个方面的内容。

（一）实验结果和结论的区别

实验结果是实验变量所引起的变化，而实验结论确是基于实验结果所作出的一种合理的推论。例如在"光对鼠妇生活影响"的实验中，对八个小组所做的数据记录进行统计分析，最终得出的实验结果为：黑暗处有 8 只鼠妇，而明亮处只有 2 只鼠妇。根据实验数据结果，最终得到实验结论：光对鼠妇的生活有显著影响，鼠妇更加喜欢待在黑暗的地方，因此所做的假设成立。

（二）重视不成功实验的分析

当实验结果不足以支持判断假设成立，或者得出了与假设完全相反的结论时，教师需要抓住这个契机，来引导学生对实验效果不明显或实验结论错误的原因进行分析。

例如在"种子萌发需要的外界条件"实验中，总共设计了如图 1-2 所示的 4 个大小一致的玻璃瓶。

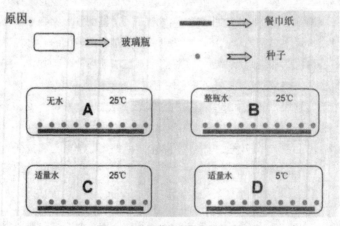

图 1-2　种子萌发所需外界条件实验

正常的实验结果应该是 C 瓶内的种子会萌发，其他瓶内的种子萌发效果不明显，但是有的小组实验效果并不明显，例如 C 瓶内的种子萌发效果不明显，或者其他瓶内的种子有明显的萌发现象等。这个时候，教师就需要对学生的实验进行分析，例如是否种子数量够多？种子的胚是不是活的？种子完整不完整？操作是否规范等？通过这些问题来引导学生找出实验失败的原因，并且据此提出改进的思路和方法。

第三节　探究式教学模式课程的实践分析

为了更好地说明新课标下初中生物探究式教学的应用，在本书的研究中，以《探究花的结构与传粉的关系》课堂为例进行案例分析。

一、初中生物探究式教学模式实践概述

（一）实验目的

选择某初中七年级两个平行班进行教学实践，通过学生生物课考试成绩及对生物学兴趣、探究能力、合作意识等方面变化进行分析，以此来检验探究式教学在初中生物教学中的指导作用。

（二）实验对象

选择所教授的七年级的两个平行班级（A 班为实验班和 B 班对照班），这两个班级是根据学生升初中的分数均衡分班，两个班级的人数都为 33 人，学生的各方面学习情况基本相同。

（三）实验方法

在实践过程中，实验班 A 班采用初中生物探究式方法进行教学，在教学中尊重学生的主体地位，教师通过引导，让学生积极地参与到教学环节中，并且留出较多的时间让学生进行自主探究和生物实验。而对照班 B 班采用传统的教师主讲、学生听课的模式。实验教材为人教版七年级生物上、下册。在实践过程中，通过课堂观察，同时结合实践过程中的第一学期期中考试、第一学期期末考试、第二学期期中考试、第二学期期末考试这四次考试成绩来分析 A 班和 B 班的生物学习情况；同时进行问卷调查，共发放问卷 66 份，返回问卷 66 份，回收率 100%。

二、初中生物探究式教学模式实践

实验班 A 班《探究花的结构与传粉的关系》生物课堂的具体教学案例设计如下所示。

（一）课堂设计

（1）设计思路

首先通过情境导入新课，然后让学生通过观察、思考和讨论，来描述与传粉活动相适应的花的结构特点，并且以虫媒花为例，设计几组实验进行演示，证明花的传粉活动特点与花的结构是相适应的，然后通过小结来得到实验结果。

（2）教学目标

①具体说明植物花粉传播的媒介；

②通过观察、讨论和思考，分析与花传粉相适应的花的结构特点；

③通过活动 - 模拟实验，培养学生的实践能力、创新精神和热爱大自然的美好情感，提高学生生物学习的兴趣。

（3）教学重点

①通过观察、讨论和思考，以虫媒花为例，描述与虫媒花相适应的化结构特点；

②通过探究活动来培养学生的实践能力和探究精神；

（4）教学难点

怎样设计科学的探究方案，并且通过小组合作来进行实验模拟，最终培养学生的科学探究能力。

（二）情境设计

教师首先在课堂上展示展示棉花（风媒花）和桃花（虫媒花）的花结构模型，并且引导学生回忆上一堂课所学的花的结构名称，以及花传粉的概念。

教师：同学们，上节课我们学习了花的结构，现在投影仪上这个花是什么花？学生：桃花。

教师：你们能说出桃花的具体结构名称么？

学生：桃花的结构包括花柄、花托、花萼、花冠、雄蕊和雌蕊。

教师：很好，现在我们通过这个动画来看，桃花是怎么授粉的。

【评析】：教师通过多媒体课件展示如图1-3所示的桃花结构，并且让学生根据上一堂课所学的知识来说出桃花结构的名称，创设问题情境，启发学生的思考。

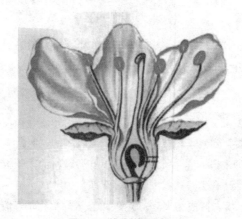

图1-3　桃花的花结构

教师在多媒体上展示了桃花授粉过程的动画之后，进行提问。

教师：现在我们已经看完这个桃花的授粉过程了，现在你们能够告诉我，桃花雄蕊上的花粉是如何跑到桃花的雌蕊上的么？

学生：桃花雄蕊上的花粉首先是粘到了昆虫上，然后当昆虫趴到桃花雌蕊上时，身上的花粉掉到了桃花雌蕊上。

教师：你们观察很仔细，那我们现在再观看动画，看棉花是如何进行传粉的。教师打开另外一个动画，让学生仔细观察棉花的传粉过程。

教师：通过观看这个动画，你们能告诉我棉花是如何进行传粉的么？

学生：在刮风的情况下，棉花雄蕊上的花粉被挂到雌蕊上，完成棉花的传粉。教师：很好，在生物上，一般将通过昆虫传粉的花叫作虫媒花，而通过风作用来传粉的话叫作风媒花。

教师：虫媒花和风媒花的传粉过程不同，那么有谁能够回答虫媒花具有什么特殊的结构？花粉为什么容易被虫子带走么？

【评析】在通过桃花和棉花图片引入情境，并通过图片让学生更加直观地看到花的结构，然后通过动画来让学生直观的感受虫媒花与风媒花传粉的不同，最终由老师对这两种花的定义进行总结，并提出更深层次的问题，来引导学生进行深入的思考，并且引入此堂课的教学重点："虫媒花和风媒花具有什么特殊的结构导致两种花的授粉过程不一样？"通过问题来启发学生的思维，并且引导学生进行思考和交流，从而调动学生的学习积极性，培养学生分析问题、解决问题的能力。

最终通过讨论，学生做出了如下的假设：①花粉大又具有粘性有利于传粉；②花粉轻又多有利于传粉。

针对这两个假设，教师引导学生进行如下的两个探究式实验。为了更好、更细致的对探究活动实验设计进行研究，在另设一节对探究式活动的具体实施进行介绍。

（三）探究活动

（1）提出问题

虫媒花的花粉大又具有粘性有利于传粉么？

（2）做出假设

假设虫媒花的花粉是大而且具有粘性的。

（3）制定计划

①设计一个对照实验，其变量是虫媒花的花粉是否大而且具有粘性；

②在课桌上铺设白纸，在白纸上进行实验，以保持教室的整洁；

③将餐巾纸裁成40个大小一样的纸块，并且捏揉成团，分为A、B两组，每组20个纸团；

④将A组上的20个纸团表面都涂上胶水，B组不进行任何处理；

⑤设置如图1-4所示的模拟实验来模拟昆虫携带花粉的过程。

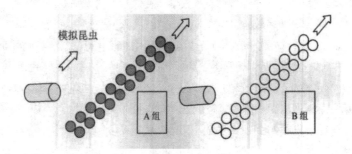

图1-4　昆虫携带花粉的模拟实验

（4）实施计划

①要求学生规范的使用实验工具，模拟昆虫携带花粉的过程，以相同的速率在纸筒上"飞过"虫媒花花粉；

②选择正确的实验材料，比如小纸团不能过大也不能过小，否则会导致胶水涂得太多或者不够从而影响实验效果；

③要求学生认真进行数据记录，有的学生可能根据生活经验，认为有粘性的花粉会被昆虫携带的分量更多，因此人为的"修正"实验结果，以避免实验"失败"。为此，教师应该明确禁止这种错误的做法，可以重复实验，但是不能够人为的改变实验结果；

④要求学生对实验结果进行进一步的思考，实验的最终目的是为了证明大又具有粘性的花粉有利于传粉，那么就需要学生进行仔细思考：为什么纸筒的大小要一样？为什么小纸球的大小要一样？为什么在使用纸筒模拟昆虫携带花粉时,其移动的速率和时间要保持相同？为什么要使用这么多数量（每组20个）纸球，而不是一个或者两个纸球进行实验？等等。

（5）得出结论

①得到实验结果

实验结果表明花粉大而且具有粘性的花粉更容易被昆虫携带花粉实现授粉。从实验变量的变化引发的实验结果不同就是：A组的小纸球涂抹了胶水，因此被纸筒所携带的小纸球较多；B组的小纸球没有涂抹胶水，因此被纸筒携带的较少。

②得出实验结论

根据实验结果，可以得出：实验所做的假设：虫媒花花粉大而且具有粘性有利于传粉，假设成立。

③失败原因分析

在有的小组实验结果中，A组和B组上纸筒附带的小纸球数量相差不大，这时就要求他们在观察了其他组的实验之后，进行重做，并且积极找出与其他组实验结果不同的原因。例如，纸筒（昆虫）"飞过"小纸球（花粉）的速率是否相同？积极引导他们在对照实验过程中，是否除了实验变量不同以外，还有其他的实验条件不同？从而最终找出原因，让他们在总结了改进方法和思路之后，重新进行实验。

三、初中生物探究式教学模式实践结果及分析

经过两个学期教学实践本书认为两个班级还是有一定变化，下面主要从两个班级的生物考试成绩和问卷调查等方面来分析初中生物探究式教学的效果。

（一）学习成绩对比

主要结合学生的课堂表现和4次考试成绩来分析A班和B班的生物学习情况。

在A班和B班的教学过程中，本书经常留意观察学生在课堂上的情绪及反应、听课注意力时间等。在教学过程中，发现实验班A班的多数学生在课堂上的情绪高涨，课堂气氛活跃，学生乐于与教师进行互动，注意力集中，能够主动进行思考和与其他学生合作。对照班B班的学生课堂气氛沉闷，通常都是只是对于自己感兴趣的内容才会注意听课，学生在课堂上的注意力集中时间明显更短。

在2016年9月-2017年6月间，所涉及的两个班主要进行了第一学期期中考试、第一学期期末考试、第二学期期中考试、第二学期期末考试这四次考试，所有的考试试卷都由学校统一命题，试题的有效程度和可信赖程度较高。（两个班级四次考试的成绩情况如附录1-1所示），实验A班与B班学生四次考试成绩统计如图1-5所示。

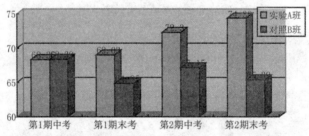

图1-5 实验A班和对照B班学生四次考试平均分对比图

通过两个班四次考试成绩的对比分析可以看出，开学后第一学期期中考试对照班A和对照班B的考试平均成绩相差不大，这主要是因为进行探究式教学的时间较短，学生学习生物学的兴趣差别不大，因此两个班的考试成绩变化不大；在期末考试时，两个班级的生物考试成绩开始拉开了差距，进行探究式教学的实验班A班的成绩比采用传统教学的对照班B班有明显的进步；在第二学期期中时，实验班A班的生物考试平均成绩领先对照班B班5分；在第二学期期末考试时，实验班A班的生物考试成绩有了较明显的提高，对照B班的考试成绩有起有伏，这可能是由于考试难度不一所导致的。四次考试成绩对比分析可知实验班A班与对照B班的考试成绩差距不断拉大，表明初中生物的探究性教学对提高学生成绩有一定的效果，这与学生对生物学兴趣的增加有一定联系。

（二）学习兴趣、态度和探究、合作能力对比

使用附录 1-2 和附录 1-3 所示的问卷调查，对两个班进行问卷的调查，调查的结果如下所示。

（1）生物重要性认识的对比　两个班对生物重要性的认识调查结果如表 1-3 所示。可以看出，虽然实验班的调查结果要稍好于对照班的调查结果，但是两个班对生物重要性的认可度都不高，这可能是因为生物是一门小学科，并没有将生物纳入中考中，导致很多学生对生物学习不重视所导致的。

表 1-3　两个班级生物重要性认识的调查结果表

项目	调查内容	调查结果	
		A 班	B 班
重要性认识	生物知识在实际生活中用途广泛	67%	60%
	生物很重要，将来不管干什么工作，都用得上生物知识	60%	58%
	学习生物可以使生活更有情趣	60%	49%

（2）生物学习兴趣的对比

表 1-4　两个班级生物学习兴趣的调查结果表

项目	调查内容	调查结果	
		A 班	B 班
生物	我喜欢上生物课	88%	55%
	我喜欢看有关生物的课外书	67%	30%
兴趣	如果有生物兴趣小组，我一定参加	76%	40%
	我关心生物方面的新发现、新进展	30%	70%

从表 1-4 两个班学生的生物学习兴趣调查结果的对比可以看出实验班的生物学习兴趣要明显高于对照班学生的生物学习兴趣，表明在初中生物课堂上实施探究式教学方法有助于提高学生的初中生物学习兴趣。

（3）学习态度的对比

表 1-5　两个班级生物学习态度的调查结果表

项目	调查内容	调查结果	
		A 班	B 班
主动性	对老师的提问，我能积极思考回答	79%	48%
	碰到生物难题，我愿意花较多时间精力去探索	60%	36%
	我经常用所学到的生物知识去解决生活中的有关问题	36%	9%
	这一年，我感觉学习生物很愉快	82%	45%
	这一年，我学习生物收获挺大	79%	45%

通过表 1-5 对生物学习主动性的调查可以看出，实验班学生的生物学习主动性明显更强，表明在初中生物课堂上实施探究式教学方法有助于提高学生的初中生物教学主动性。

（4）探究、合作和交流情况对比

通过表 1-6 所示的调查结果可以发现，在探究能力、探究意识方面，实验班学生也要明显强于对照班的学生。表明在初中生物课堂上实施探究式教学方法有助于提高学生独立发现生物问题和收集资料的

能力。

表 1-6 探究、合作和交流情况调查结果表

项目	类别	选项	调查结果	
			A 班	B 班
探究意识	对生物新知识的好奇心	强烈好奇心	60%	36%
		一般了解	33%	9%
		不感兴趣	6%	55%
	求知欲	强烈	58%	30%
		一般	30%	42%
		不强烈	12%	27%
探究能力	发现生物问题	独立发现	45%	18%
		模仿发现	30%	48%
		不能发现	24%	33%
	收集资料	能广泛收集	36%	18%
		能收集，但不广泛	30%	30%
		不会收集	33%	51%
	运用电脑辅助学习	经常使用	30%	15%
		较少使用	48%	33%
		基本不用	52%	51%

第二章　游戏化教学模式的设计与实践

第一节　游戏型教学模式概述

一、游戏化教学模式的概念及内涵

对于游戏化教学模式，张晓英在《对小学语文游戏化教学的现状分析及对策探讨》一文中曾这样定义："游戏化教学主要指教学过程中教师根据学生的心理特征，通过对游戏教育功能核心价值的总结，将游戏的趣味性、参与性和情境性的特点与教学实践结合起来，并将教学策略和评价方法与之相配合的一种教学模式。"从中可以得出游戏化教学是一种教学模式这一内涵。

还有一种关于游戏化教学模式的定义，游戏化教学是指教师在进行教育教学时将教育目标隐藏在游戏活动背后，根据学生的年龄特点和对游戏活动的兴趣，采用相应的游戏化教学策略，让学生在愉悦的放松状态下从游戏乐趣中获得知识、提高技能和陶冶情操。

在本书看来，游戏化教学模式就是使用游戏特有的机制或制度，将游戏的特质与教育功能相融合，使学习成为一个有趣味的过程，伴随着游戏的乐趣和情感上的愉悦，让学生做要做的事情和喜欢做的事情，在学中玩的同时，也在玩中学，最终达到生物教学目标的一种教学模式。

根据现有的游戏化教学模式的表现形式，本书认为可以将游戏化教学模式分为两种类型：线下和线上。顾名思义，线下游戏化教学模式是指那些面对面的实体游戏化教学，线上游戏化教学模式则是指通过一些媒介，如计算机的教育类游戏的游戏化教学。国外关于游戏在教育中的应用发展较早，已有许多计算机方面的专家深入到研究游戏教育中，所以"游戏化教学"概念中也包含了教育类游戏的教学。本书论述的"游戏化教学"虽然并非是指使用计算机中的游戏教育软件来教学，但还是选择性的参考了诸多有关教育游戏的"游戏化"相关内容，因为教育游戏的"游戏化"对实体的"游戏化"有着极大的启迪和指导作用，所以希望通过各界对"游戏化"的研究促进在生物课堂教学中运用真实的游戏活动（实体），构建一个游戏化教学模式。

在此，本书认为游戏化教学模式不是像游戏教学法一般将游戏作为教学手段，即游戏化可以作为教学方法、教学背景、教学策略等等。理由在于，第一，把游戏作为手段，仅停留在游戏的表面形式上，忽视了游戏的内在精神。把教育目的放在游戏手段里，把教学与游戏视为内容与形式的关系，游戏被当作了教学工具，就如同在苦涩的教育目的（苦药）外包裹了一层甜甜的游戏（糖衣），那么游戏的内在精神被剥离，游戏也就不复存在了。第二，纵然使用游戏教学法能够更好地传授知识，但是在实际过程中仍旧未能使学生爱上学习，忽视了学生的本体价值。所以，可以通过在游戏化教学模式中结合游戏教学法来实现教育与游戏的结合。

二、初中生物游戏化教学模式现状

（一）调查方法与设计

1. 调查样本的选取

本书主要以学校的七年级、八年级的生物教师以及七年级、八年级和九年级的学生作为研究样本。虽然说九年级的学生已经不需要继续学习生物课程，但是对于调查研究而言，九年级相较于七年级的学生更了解生物，因为他们毕竟已经学习了两年的生物课程，有了自己对生物课程的理解和见解；反之，七年级的学生刚从小学升入到初中，初次接触生物，对生物学和生物课程的了解反倒没有九年级的同学深刻。再考虑到城区的差异性和融合性，分别选取十所学校进行分层抽样。合计 17 名初中生物教师和 1117 名学生。

2. 调查问卷的设计

用问卷的方式调查初中生物游戏化教学模式的相关信息。结合《义务教育生物学课程标准》及人教版初中生物教材，设计编制了《初中生物游戏化教学模式调查问卷（教师卷）》和《初中生物游戏化教学模式调查问卷（学生卷）》。

调查问卷主要从以下两个方面入手：从教师和学生对游戏化教学模式的了解程度作为切入点，着重了解初中生物游戏化教学模式的实施现状和效果。以此了解教师和学生对游戏化教学模式的态度以及施行情况。

3. 半结构化访谈

用半结构化访谈的方式了解教师及学生对初中生物游戏化教学模式的相关信息。可以通过当面访谈、电话访谈等方式随机进行，得到更加详尽的信息。访谈内容详见附录 2。

4. 调查数据的处理

使用 EXCEL 2013 软件对调查获得的有效数据进行整理、统计。

（二）学生调查数据统计与分析

本次研究共发放学生问卷 1117 份，收回有效问卷 1085 份，回收率为 97.1%。学生问卷主要包括学生基本信息、学生家长的基本教育情况、学生对生物及生物学科的兴趣、家长对待游戏的态度、学生对游戏的认识及态度、学生对生物课程的态度、学生对游戏化教学模式的态度、学生对学习意义的认识以及生物课堂游戏化教学模式的实施现状还有对今后教学的建议，具体对应的题目如表 2-1 所示：

表 2-1　游戏化教学模式调查题目对应表（学生卷）

问卷大体内容	测试具体内容	相关题目
学生的基本信息	性别	第 1 题
	所读年级	第 2 题
学生家长基本教育情况	父亲学历	第 3 题
	母亲学历	第 4 题
学生对生物及生物学科的兴趣	对生物的兴趣	第 5 题
	对生物学科的喜爱度	第 6 题
家长对待游戏的态度	父母对游戏的态度	第 7、8 题

问卷大体内容	测试具体内容	相关题目
学生对游戏的了解程度	对游戏类型的认知	第9题
学生对待游戏的态度	对游戏的喜爱度	第10题
	日常所玩游戏	第11题
	何种方式的游戏最受喜爱	第12题
学生对生物课程的态度	何种方式的生物课程最受喜爱	第13题
学生对游戏化教学的态度	何门课程可以使用游戏化教学	第14题
	对生物课游戏化的态度	第15题
	游戏化教学与日常教学的对比	第16题
学生对读书的认识	对学习意义的认识	第17题
生物课堂游戏化教学实施现状	生物课堂是否有开展游戏	第18题
学生对教学的建议	对开展教学的方式提出建议	第19题

1. 学生基本情况

经过对调查问卷进行回收整理，得到以下关于学生的基本情况信息，具体见表2-2。

表2-2 学生基本信息

内容	选项	人数（人）	百分比（%）
你的性别	男	514	47.4
	女	571	52.6
所读年级	七年级	332	30.6
	八年级	375	34.6
	九年级	378	34.8

从表2-2的数据，我们可以看出学生的男女比例接近1∶1，但较八年级和九年级，七年级的学生相对少一些。

通过对学生家长的学历调查，发现学生家长的整体受教育水平较低。具体统计结果见表2-3所示。

表2-3 学生父母受教育情况

具体内容	选项	人数（人）	百分比（%）
你父亲的学历是	A. 小学及以下	369	34.0
	B. 初中	425	39.2
	C. 高中	132	12.2
	D. 大学	16	1.5
	E. 不清楚	143	13.2

具体内容	选项	人数（人）	百分比（%）
你母亲的学历是	A. 小学及以下	564	52.1
	B. 初中	327	30.1
	C. 高中	46	4.2
	D. 大学	0	0
	E. 不清楚	148	24.0

从表 2-3 中我们可以看出，虽然父亲的受教育程度略高于母亲，但是总体上来说父母亲的受教育程度都较低。大部分家长的学历集中在小学及以下和初中水平。而且还有很大一部分学生并不了解父母亲的学历情况，可以反映出家庭中对学历并不是很重视。这样的情况对于学生的学习来说有可能弊大于利，因为父母亲的学历水平不高，在课后能够得到的学习上的帮助较少，学习主要依赖于学校教育，这就使得教师更应该将课程上得有滋有味，内容具有吸引力，教学质量有保障，学生的学习质量才能上得去。

2. 学生对游戏和生物的态度和需求情况

学生对于游戏和生物的态度，从家长对待游戏的态度、学生对待游戏的态度、学生对生物课程的态度、学生对游戏化教学的态度、学生对读书的认识五个方面进行调查；对于游戏和生物的需求，从学生对生物及生物学科的兴趣、学生对游戏的了解程度、学生对待游戏的态度三个方面进行调查。调查结果如表 2-4 所示。

表 2-4　学生及家长对游戏的主体认知

问题	选项	人数（人）	百分比（%）
1. 你对生物感兴趣吗？	A. 非常感兴趣	146	13.5
	B. 感兴趣	264	24.3
	C. 兴趣一般	330	30.4
	D. 毫无兴趣	345	31.8
2. 你喜欢上生物课吗？	A. 非常喜欢	115	10.6
	B. 一般喜欢	276	25.4
	C. 不太喜欢	405	37.3
	D. 完全不喜欢	290	26.7
3. 你的父亲或母亲在平常会玩游戏吗？	A. 父亲玩，母亲不玩	114	10.5
	B. 父亲不玩，母亲玩	123	11.3
	C. 父亲和母亲都玩	61	5.6
	D. 父亲和母亲都不玩	788	72.6
4. 你的父母允许你玩游戏吗？	A. 鼓励	1	0.1
	B. 允许	173	15.9
	C. 不管	618	57.0
	D. 禁止	293	27.0

问题	选项	人数（人）	百分比（％）
5．你认为以下哪些选项算是游戏？（可多选）	A．打球（如乒乓球、篮球等）	1013	93.4
	B．唱歌	609	56.1
	C．打牌（如扑克、卡牌等）	898	82.8
	D．跳皮筋	796	73.4
6．你是否喜欢游戏？	A．非常喜欢	519	47.8
	B．一般喜欢	543	50.0
	C．不太喜欢	15	1.4
	D．完全不喜欢	9	0.8
7．你平常会玩以下类型的游戏吗？（可多选）	A．电子游戏	797	73.5
	B．户外游戏	845	77.9
	C．不玩游戏	4	0.4
	D．其他		
8．你喜欢如何做游戏？（可多选）	A．班级对抗	846	78.0
	B．小组竞赛	608	56.0
	C．个人竞赛	926	85.3
	D．讨厌游戏	22	2.0
9．你觉得下列哪种上课方式会使你更喜欢生物课？（可多选）	A．老师将课本上的知识讲得非常细致	650	59.9
	B．老师在课堂上现场演示实验	509	46.9
	C．自己在课堂上进行实验操作	724	66.7
	D．不管如何，都不喜欢上生物课	277	25.5
	E．其他		
10．你希望以下哪门课程用游戏来上课？（可多选）	A．语文	1025	94.5
	B．数学	1057	97.4
	C．英语	1070	98.6
	D．生物	1071	98.7
	E．地理	966	89.0
	F．政治	861	79.4
	G．物理	947	87.3
	H．历史	984	90.7
	I．音乐	1065	98.2
	J．体育	948	87.4
	K．美术	943	86.9

问题	选项	人数（人）	百分比（%）
11.如果生物老师说在课堂上要做一个游戏，你会乐意参与吗？	A.十分乐意	258	23.8
	B.愿意	615	56.7
	C.随意	201	18.5
	D.不愿意	11	1.0
12.你觉得生物课堂上进行游戏化教学会和平常的教学有什么不同吗？	A.会使课堂变得更有趣，吸引我们的注意力	592	54.6
	B.老师在台上玩游戏，我们不会有太多兴趣	145	13.4
	C.会使课堂变得闹哄哄的，反倒学不好	193	17.8
	D.和平常的课堂没有两样，照样上课	154	14.2
13.你觉得是考取高分有意义一些还是快乐学习有意义一些？	A.考取高分更有意义	472	43.5
	B.快乐学习更有意义	355	32.7
	C.一样的有意义	247	22.8
	D.都没有意义	11	1.0

　　表 2-4 中的第 1 题和第 2 题看似是同一个题，实际上不然。第 5 题调查的是学生本身对生物是否感兴趣，而第 6 题调查的学生是否对生物课程感兴趣。从两道题可以看出学生对生物和生物课的感兴趣程度基本持平，没有显著的差异。

　　第 3、4 题是调查的学生家长对游戏需求和态度。从表中的数据，我们可以看出，大多数的父亲和母亲并没有太多的时间进行游戏。而且家长不管或禁止孩子玩游戏的居多，不管家长是因为何种原因没有游戏，因为何种原因而禁止孩子玩游戏，最残酷的行为是大人们对孩子游戏权力的剥夺。

　　第 5 题调查的内容是学生对游戏的了解程度。他们心目中什么样的行为才算是游戏？游戏就是主动参与互动且能够直接获得快感（包括生理和心理的愉悦）的一种活动。但往往学生会把它的概念范围缩小，实际上不论是在学习中还是日常生活中，只要是主动参与到其中，并且能够直接获得快感的活动都是游戏。所以不论是下棋、打乒乓球、打羽毛球、打篮球、打扑克、打卡牌，还是唱歌、跳舞、跳皮筋、扮家家等等活动都是属于游戏的范畴。游戏并不是只是玩，而我们的学生们却对游戏所包含的内容不甚了解。有近半数的学生认为唱歌不能算作是游戏，还有接近两成以及三成的学生认为打牌和跳皮筋不是游戏。

　　第 6、7、8 题是调查学生对游戏的需求和态度。从第 10 题，可以知道有 97.8% 学生喜爱玩游戏。日常所玩的游戏包括了电子游戏和户外游戏。学生们对于游戏的开展的类型也并不挑剔，但更偏向于个人竞赛式。并且，本书在日常观察中，有看到学生下课后第一时间拿出手机玩手机游戏，有时候甚至在课堂上都忍不住内心的渴望拿出手机玩。有的学生下课前几分钟就会准备好乒乓球、篮球，一旦下课铃声响起，他们就会第一时间奔向数量有限的乒乓球台、篮球场，就为了能够玩十分钟的球类游戏。

　　第 9 题虽然调查的是学生对生物课程的态度，但是其中其实包含了隐藏的信息。因为实验其实也是作为游戏的一种类型。A 选项代表的授课方式就是讲授法，B 选项代表的授课方式是演示法，C 选项代表的授课方式是实验法，D 选项代表的是学生对生物课程的喜爱程度。而讲授法是生物教师常用的一种教学方法，少有生物教师使用演示法，受限于学校实验条件，实验法更是少之又少。而通过调查，我们可以看到，接近六成的学生学习生物的欲望比较强烈，有四分之一的学生对于生物课的态度不是很积极。

第 10、11、12 题调查的内容是学生对游戏化教学的态度。从第 14 题我们可以看出学生对游戏与教学相结合的渴望程度。有学生甚至把所有的课程都勾选了出来，代表他们很需要游戏。当生物老师要在课堂上做一个游戏时，同学们也愿意甚至是很乐意参与到其中。从第 15 题，我们可以看到有超过八成的学生都愿意参与到课堂中的游戏当中。第 16 题可以反射出学生对课堂游戏化教学的思考，他们担忧会出现什么样的情况，因为从第 18 题我们可以看到基本上没有生物老师在生物课堂上进行游戏化教学。因为老师们担心的正是学生们担心的内容。

第 13 题调查的是学生对于读书的认识，对于学习意义的认识。据我国教育专家调查研究表明，当前我国基础教育阶段存在两大问题：一是学生的学习生涯不幸福，而且这种状态不被成人社会所关注；二是学生的学习动力主要来自外部，更多的是来自分数压力，而非来自对学习的一种内在追求和爱好。我们常常会问自己为什么要读书？而让自己有尊严快乐地活着之类的心灵鸡汤对于初中生

而言还是离他们遥远了一些。所以选取了两个学习的意义供学生选择。A 选项代表的是学习的外在动机，B 选项代表的是学习的内在动机，C 选项代表的是外在动机和内在动机相结合，D 选项则代表高分数和快乐都不算是学生的学习动机了。学生选择高分数，表明学生把外在动机作为了学习的主要动机；而学生选择快乐学习，表明学生把自己的感受放在外在动机之前；学生选择高分数和快乐学习一样的有意义，表明他们把外在动机和内在动机并列；学生选择都没有意义，那么就表明高分数和快乐学习对于他来说不算是学习动机。而从第 17 题的调查结果看来，有四成的学生把考取高分放在学习的第一位，但是还有过半的学生认为快乐学习更有意义或者快乐学习与高分并重。

3. 生物游戏化教学模式的实施现状情况

对于初中生物游戏化教学模式的实施现状情况通过调查问卷和半结构化访谈综合调查出的结果。由于学生对于游戏化教学不甚了解，故而开展游戏化教学模式的实施现状调查比较困难，所以从生物课堂是否有开展游戏入手，从而延伸到是否进行了游戏化教学模式。调查问卷中关于生物游戏化教学模式的实施现状内容如表 2-5 所示。

表 2-5　初中生物游戏化教学模式实施现状

问题	选项	人数（人）	百分比（%）
14. 生物课堂中有开展游戏来学习知识吗？	A. 经常有	3	0.3
	B. 偶尔有	13	1.2
	C. 很少有	592	54.6
	D. 没有	476	43.9

从表 2-5 中，我们可以看出有四成的学生选择生物课中没有开展过游戏的选项，有过半的学生选择很少有开展游戏。初中生物游戏化教学的现状不容乐观。

本问卷调查，除了有选择题，还设计有一个开放性的问题，就是第 19 题，在生物学习过程中，你认为老师如何开展教学才能帮助你更好地掌握知识？在比较积极的班级中，有很多学生在此栏中填写：希望能够有更多的实验。而实际上实验也是一种游戏的方式，所以可以看出学生们对于实验类的课堂是多么的渴望。也有学生填写的希望用游戏学习，他们希望生物课程变得更有乐趣。

在访谈过程中，本书也了解到学生们对于生物教师念书式的教学方式很是厌倦，希望能够有更有意思的方式来上课。当本书问到他们如果给全班同学设计一种游戏的模式，每个人都有自己的积分，把学习变得像网络游戏一样，能够升级，升级之后也有奖励和技能，他们是否愿意，同学们齐声的回答是肯定的：

非常愿意！

通过以上的调查问卷和半结构化访谈，我们可以看出学生们对游戏十分感兴趣，有强烈的意愿参与到游戏化教学当中。而且对于这一对象而言，学生们活泼好动的特性，使他们有着天然的优势来开展游戏化教学。多媒体设备的短缺、空间的狭小等等这样一些现状都促使着我们教师应该探寻一种更适合学生的学习方法。只需要教师突破常规教学行动起来，如若永远不实践，那么一切都是空谈，都只停留在表面。

（三）初中生物教师调查数据统计与分析

本次调查共发放教师问卷 17 份，回收 17 份，有效问卷 17 份，回收率为 100%。教师问卷主要包括教师的基本信息、教师所教学生对生物学的态度、教师的课程的实施方式、教师对游戏化教学的认知、教师对游戏与教学的看法、游戏化教学模式的实施效果、游戏化教学模式实施过程中的困难以及教师对游戏化教学模式的看法和建议。具体内容与题目对应关系参照表 2-6。

表 2-6　游戏化教学模式调查题目对应表（教师卷）

问卷大体内容	测试具体内容	相关题目
教师的基本信息	年龄	第一部分
	教龄	
	最后学历	
	最后学历所学专业	
	从教科目	第 1 题
教师所教学生对生物学的态度	教师所教学生对生物学的态度	第 2 题
课程的实施方式	教师使用过的教学方法	第 3 题
教师对游戏化教学的认知	教师对游戏化教学概念的理解	第 4 题
	教师对游戏化教学性质的了解	第 5 题
教师对游戏化与教学的看法	生物教材中是否有游戏化教学的切入点	第 6 题
	生物教学中使用游戏化教学的合理时长	第 7 题
游戏化教学模式的实施效果	游戏化教学的生物课堂中学生的变化	第 8 题
游戏化教学模式实施过程中的困难	游戏化教学实施过程中的困难	第 9 题
教师对游戏化教学模式的看法和建议	对寓教于乐、快乐学习的看法对开发游戏化教学的建议	第 10 题

1. 生物教师基本情况

经过对调查问卷进行回收整理，得到以下关于初中生物教师的基本情况信息，具体见表 2-7。

表2-7 教师基本信息

问题	所填内容	人数（人）	百分比（%）
年龄	<30	9	52.94
	（30～40）	7	41.18
	（40～50）	1	5.88
	（50～60）	0	0
	>60	0	0
教龄	<5	6	35.29
	（5～10）	7	41.18
	（10～15）	4	23.53
	（15～20）	1	5.88
	>20	0	0
最后学历	中专	1	5.88
	大专	6	35.29
	本科	10	58.82
最后学历所学专业	生物类专业	1	5.88
	非生物类专业	16	94.12
同时从教科目	A.生物	17	100
	B.语文	1	5.88
	C.数学	2	11.76
	D.英语	0	0
	E.物理	3	17.65
	F.化学	5	29.41
	G.历史	0	0
	H.政治	0	0
	I.地理	1	5.88
	J.音乐	3	17.65
	K.体育	2	11.76
	L.美术	0	0
	M.其他		

初中生物教师的基本情况信息从以上五个进行调查。在所调查的初中生物教师当中，大多数年龄小于40岁，教龄比较短，集中在十年以下，有多数是刚刚大学毕业就来到了学校担任初中科任教师兼任生物，并且在与学校的校长访谈过程中了解到因为薪资、发展前景、社会地位等各方面原因，年轻初中生物教师多有在学校暂留的想法，但也都在准备考取市区内有正式编制的教师岗位，所以学校初中生物教师的流动性比较大。

从初中生物教师最后学历来看，初中生物教师的学历水平均在大中专以上，过半数的生物教师是本科毕业，教师学历结构比较合理。

在调查过程中最后学历所学专业是由教师所填写，再由本书对其专业进行分类，将之分为两类，一类是生物类专业，包括自然科学类专业和生物教育类专业，一类是非生物类专业。但是调查结果不容乐观，17名初中生物教师中，有16名初中生物教师最后学历所学专业为非生物类专业，比例高达94%。在访谈过程中，还了解到诸多教师本身不是教授生物学科的，但是因为学校教师资源短缺、对生物课程的重视程度不够认为没有必要聘请生物教师等等原因，最终的结果是直接让其他科目的教师代教生物。在旁听初中生物课程中，发现有不少初中生物教师左手一本教师用书，右手一本学生用书，照本宣科的场景。

从任教科目的调查结果，我们可以看出初中生物教师全都任教多门科目，大多数是理科性科目。生物教师因为其他科目的任教，自然而然会对其教学效果有影响，对于初中生物教师专业化发展有极大的限制。

2.生物教师具体教学情况

通过对初中生物教师具体教学情况的调查，可以了解初中生物课程的现状，具体调查内容见表2-8。

表2-8 初中生物课程现状

问题	选项	人数（人）	百分比（%）
1.您的学生学习生物学的态度如何？	A. 很积极	2	11.76
	B. 积极	5	29.41
	C. 一般	7	41.18
	D. 不积极	3	17.65
2.您在生物教学中使用过什么教学方法？（可多选）	A. 探究教学	2	11.76
	B. 小组讨论	6	35.29
	C.角色扮演	1	5.88
	D. 模拟游戏	0	0
	E.其他	8	47.06

从表2-8中，我们可以看到调查过程中只有一成的生物教师认为自己班的学生对于学习生物的态度很积极，还有三成的生物教师认为自己班的学生学习生物的态度积极。另外有四成的生物教师认为自己班的学生对于生物学的态度一般，剩下的生物教师认为自己班的学生对于生物学的态度不积极。

3.生物教师对游戏化教学认知情况

表 2-9 教师游戏化教学认知情况

问题	选项	人数（人）	百分比（%）
1.您认为下面哪个选项对游戏化教学模式的解释最为全面？	A.游戏化教学就是在课堂中使用游戏教学法进行教学	4	23.5
	B.游戏化教学就是在课堂中使用游戏教学软件进行教学	0	0
	C.游戏化教学就是在课堂中使用游戏教学法和游戏教学软件进行教学	11	64.7
	D.游戏化教学就是将游戏设计技术和游戏元素运用到非游戏情境中	2	11.8
2.您认为游戏化教学模式应该具有哪些性质？	A.自愿性、非日常性、严肃性、限定性	2	11.8
	B.自愿性、日常性、严肃性、限定性	7	41.2
	C.自愿性、非日常性、非严肃性、限定性	3	17.6
	D.自愿性、日常性、非严肃性、限定性	5	29.4
3.您认为初中生物教材中是否有游戏化教学模式的切入点？	A.有很多很好的切入点	0	0
	B.有切入点	5	29.4
	C.勉强能找到一些	12	70.6
	D.没有	0	0
4.课堂中运用游戏化教学模式，您认为花费多长时间比较合理？	A.0 分钟	0	0
	B.1-10 分钟	8	47.0
	C.11-20 分钟	9	53.0
	D.21-30 分钟	0	0
	E.31-40 分钟		
	F.41-45 分钟	0	0

从第 4 题结果可以看出生物教师对游戏化教学模式的理解还是不太全面，有超过六成的生物教师认为游戏化教学就是在课堂中使用游戏教学法和游戏教学软件进行教学，只有一成的教师选择了游戏化教学就是将游戏设计技术和游戏元素运用到非游戏情境中。

第 5 题的调查结果也显示生物教师对游戏化教学模式的性质不甚了解。超过四成的教师认为游戏化教学模式具有自愿性、日常性、严肃性、限定性的性质。对于游戏化教学模式的非日常性和严肃性的性质有些模糊。

从第 6 题也可以看出生物教师认为在生物教材中寻找游戏化教学模式的切入点比较少。有三成的教师认为有切入点，还有七成的教师觉得勉强能够找到一些切入点。

第 7 题调查的是生物教师认为花费多少时间使用游戏化教学模式比较合理。调查的生物教师分为两半，一半教师认为应该花费 1～10 分钟，一半教师认为可以花费 11～20 分钟。没有教师选择 20 分钟以上的时间和 0 分钟的时间。

4. 生物教师实施游戏化教学模式情况

表 2-10 初中生物游戏化教学模式实施现状

问题	选项	人数	百分比
1. 在生物课堂中结合游戏化教学，学生的表现有何变化？	A. 变活跃	1	5.9
	B. 没有变化	0	0
	C. 变消极	0	0
	D. 没做过，不了解	16	94.1
2. 您在初中生物教学中使用游戏化教学是否存在困难？如若存在，是哪些困难？（可多选）	A. 缺乏理论以及方法上的指导	11	64.7
	B. 课前准备时间过长	0	0
	C. 教学任务繁重，无暇顾及	6	35.3
	D. 课堂很难控制和管理	10	58.8
	E. 自身能力的限制	1	5.9
	F. 担心会影响学生成绩	0	0
	G. 没有什么困难	0	0
	H. 其他		

在第 8 题的调查结果看出绝大多数的生物教师从未做过游戏化教学，只有一位生物教师选择了在生物课堂中结合游戏化教学模式会使学生变得更活跃。第 9 题调查的是教师在生物教学中使用游戏化教学中存在的困难情况。有六成的教师觉得缺乏理论以及方法上的指导已然成为他们进行游戏化教学模式的需要克服的困难，并且也有六成的教师认为课堂很难控制和管理也将成为他们实施游戏化教学模式的难题。还有三成的生物教师认为教学任务繁重，无暇顾及游戏化教学模式。调查结果显示有一名生物教师考虑到自身能力的限制不能实施游戏化教学模式。

5. 生物教师对实施游戏化教学模式的看法和建议

本次关于游戏化教学的调查中在调查问卷中设置了一道开放性的题目，题目为：您对寓教于乐、快乐学习的教育思想有何看法？您认为生物游戏化教学模式应该如何开发？以此了解初中生物教师对游戏化教学的看法和建议。在访谈的过程中也更深入地了解了初中生物教师对游戏化教学模式的看法。他们赞同使用游戏化教学模式，但是也并不一定就需要使用游戏化教学，毕竟常规化的教学也能够传授知识正常上课。

有可能从社会大环境来看，学生比较活泼，特别是初中生物又只需要会考，而不进行中考，初中生物老师也就没有那么多想法去进行改变和创新。并且因为教师在生物课堂中也未实施游戏化教学或实施次数较少，也就没有对游戏化教学提出比较有建设性的建议。

6. 生物游戏化教学模式实施限制因素分析

通过对《初中生物游戏化教学模式调查问卷（教师卷）》和《初中生物游戏化教学模式调查问卷（学生卷）》两份问卷的调查结果总结分析，我们可以看到初中生物游戏化教学模式存在两对矛盾。一方面，初中生对游戏十分感兴趣，也有意愿接受游戏化教学；另一方面，教师创新意识薄弱，抵触改变教学模式、教学方法等等，运用游戏化教学模式的频次低。并且通过对初中生物游戏化教学模式的应用现状调查及分析，我们可以看出教师对使用游戏化教学模式还存在诸多担忧。综上所述，本书认为初中生物游戏化教学模式的实施存在着教育理念、实际操作、师资力量等多方面限制。

限制因素一：在调查过程中，本书发现鲜有初中生物教师能够正确回答关于游戏化教学模式的概念及特点的问题。在访谈中也发现，初中生物教师由于对游戏化教学模式的不了解，甚至抱有游戏是误人子弟的看法。而实际上任何一种教学模式，在选择了适当的教学内容，根据教学目标实施，能够起到其独特的教学作用。对游戏化教学模式一刀切的观念，对于教师突破常规、创新教学有着极大的影响。而只有当真正实践之后才能够得出真理。

限制因素二：在调查访谈的过程中也发现了学校没有给教师提供一个良好的平台为其职业发展打好基础。学校鲜少有对教师进行教育教学的培训，教师就无法拥有通过培训获得游戏化教学模式相关知识的机会。并且由于教学任务繁重，教师也没有时间和精力去自学相关知识。导致教师欠缺游戏化教学模式的指导，不知道应该在何时何地恰当地使用游戏化教学模式，也就使得教师对使用游戏化教学模式产生了诸多的犹豫。

限制因素三：在调查中，发现现阶段学校的初中生物教师的年龄呈现年轻化的情况，很多教师是在考取市区内带编制的岗位失败后，退而求其次来到当前学校，只待通过努力备考，一跃龙门，成为公办学校的教师。不论是学校还是学生都已经对此习以为常，有的教师教完一个学期就走人了，有的教师甚至一个学期都没有教完就走人了。在新闻中提到，并不是教师想要离开学校，而是因为工资太低、评职称困难等原因导致生活压力太大，面临的这些现实问题让他们从一开始入职就已经做好了跳槽的打算了。在新闻中表示："该老师还建议，这些私立的农民工子弟学校如果想要留住老师，首先要提高老师们的工资待遇。其次，学校要努力创造一种适合老师发展，给年轻老师更多成长晋升的空间和机会。这位老师表示，私立的农民工子弟学校办学条件和资金都比较有限，需要政府的支持和帮助。

第二节　游戏型教学模式的课程设计

教学模式是在一定的教学思想指导下所建立的比较典型的、稳定的教学程序或阶段，它是在长期教学实践中不断总结、改良、提炼而逐渐形成的一套过程结构，它源于教学，又反过来指导教学实践，是影响教学的重要因素气游戏化教学模式作为一种教学模式，有其指导性的教学理论，并且根据需要完成的教学目标或教学任务，产生其独特的但又较为稳定的教学结构框架和教学程序。

一、初中生物游戏型教学模式目标的确定

确定目标，包括确定教学目标和教学过程中的小目标。教学目标是教学的依据，根据教学目标可以确立诸多教学过程中的任务或目标。在生物教学中每堂课都具有其知识目标、技能目标、情感态度价值观目标，每一次课程开始之前，教师明确其具体的目标，使其成为开展游戏化教学的依据。

确立了整节课的教学目标之后，可以将其划分或者再设置内部的小节目标，使目标激发参与者的动力。甚至可以在教学过程中或之后让参与者自己去设立目标，以这种多重设置目标的方式形成一个激励机制。

二、初中生物游戏型教学模式线索的提供

确立了教学目标之后，教师应该根据先行设置的教学目标或者更为具体的目标设计出线索，可以是想让学生们学习到的知识，也可以是想让学生们掌握的技能，还可以是想培养出的情感态度。这一部分内容都可以作为线索。在学生们探索这条线索的过程中，他们必然会犯错误，并且学习到许多其他的相关知识，其实这也是通过比较原始的方式达到关联学习的目的。必须将游戏化完整地融入课程，并让每个学生都为解谜过程而兴奋不已。

最关键的就是创造神秘感，把教育变得更加奇幻、美妙，不是通过说教，而是使它成为更有意义的

组成部分。教师甚至可以假装不知道答案，和学生们一起努力解决那些让人困惑的部分。

三、初中生物游戏型教学模式的选择决定

在游戏化教学中，学生们会尝试一些事情，会失败。尝试某些新的事情，然后继续做选择或决定，直到成功为止。游戏教会了我们，不同的选择会造成不同的后果，而我们可以控制自己的选择。几乎任何游戏都可以灌输并强化"你可以掌控未来"这个想法，从而提高学生们的能动性。所谓学生的能动性是指什么呢？简单地说，就是他们是否认为自己掌控了命运，是否认为他们的决定能造成改变。当学生们觉得他们"没有上好大学的机会"觉得"人自然而然地就怀孕了"或是觉得他们在人生道路的选择上根本没有权力，全是父母在为他们做选择，这样就会缺乏能动性。没有能动性的话，要激发斗志几乎是不可能的。不能为自己的将来做决定，这些毫无能动性的人们只会在生活中跌跌撞撞，过着一种日复一日的，缺乏长期目标的生活。

但是能动性并非非黑即白，而是像一台秤。你从生活中感受到的能动性越多，你就会做得越好，也会更愿意为自己设定一些有野心的目标。令人惊讶的是，一个研究指出，当计划被外力干扰时，能动性更强的人恢复能力更强，他们不会觉得自己对生活失去了控制，然后玻璃心碎一地。也不会被吓住，而是会再次向目标进发，就像没有受过挫折一样。因为这就是他们控制自己命运的方式。

而通过游戏化教学，让学生拥有选择和决定的权利，并且让学生知道人生的选择没有对错，只不过会有不同的结果，没有任何一个明天是确定的，不需要为自己的选择后悔或焦虑。你需要的只是勇于尝试并做出你的选择。

四、初中生物游戏型教学模式关卡的解锁

在能够掌控自己的选择之后，并且解决了相关问题，通过线索得出的结果已经足够多，能够进入到下一关卡时，就应该解锁下一关卡。如果学生对这种方式感兴趣，他或许会在前一关卡结束后为下一关卡做准备，将学习的兴趣延续到课后。

固然，在学校的时间不够孩子们学会他们所需要的全部知识，我们需要保证孩子们离开教室后，仍能持有积极的态度去自主学习。从长远来看，我们可以通过多种方式利用游戏化教学模式来达到这个目标。从实质上来说就是搜索信息、寻找共同的解决方案。生物教材中的知识点都是具有连贯性的，每一节每一章都是相互关联、相互联系，并不是独立存在的。而在每节当中的内容其实也是有些许关联的，只要我们教师用心去挖掘其中的关联，并且设置关卡，让学习变得有趣。

比方说在人教版七年级上册第二单元生物体的结构层次，第二节植物细胞和第三节动物细胞结束后，分别可以解锁下一关卡。在第二节植物细胞忠最后的内容是植物细胞的模式图，教师可以告诉学生们下一关卡就是动物细胞，而为了下一关卡做准备，学生们会去预习第三节的内容。第三节动物细胞也是如此。甚至有些学生会觉得书本上的知识远远不够他来解决接下来的问题，通过其他的方式搜索资料信息为下一关做准备。

其实这也是就将一节课与下一节课连贯起来，而不是将每一节都独立起来。如果每次下课前都只说："好，今天的课上到这里。"学生们不知道接下来要上什么，教师也没有给予足够的信息去提醒他们，全靠学生的自觉性和能动性，提前准备的可能性会比较低，甚至会让学生产生一种"我只需要带着书来听"的感觉。而游戏化要做的事情就是将学习连贯起来，就像游戏的主线一样串联在一起，而不是单独分节的。

该模式的实践流程图如图 2-1 所示：

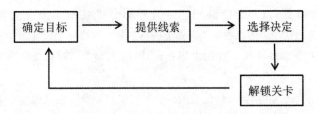

图 2-1　游戏化教学模式实践流程图

　　游戏化教学模式的过程也是一种试误过程，就像是在游戏中，任何选择都不一定会是正确的，何况是多次的选择呢。尝试的过程中本来就包含了"学思结合"的含义，也有从"做中学"的含义。通过游戏化教学过程中学生的尝试并且选择或决定，能够培养学生的探索精神、自学能力和"不怕出错"的思想，提高学生学习的能动性，让他们感觉能够掌控自己的人生，成为学习的主体，从而乐学爱学。而教师作为游戏化教学的主导者，在实际操作中建议在使用游戏化教学之前为班集体构建一个游戏化的体系，其中包括诸多游戏元素，如经验（EXP）系统、等级系统、任务系统、奖励系统、成就系统等。提出下面几点观点。

　　1.创建昵称。我们知道，游戏伊始，每个人都要创建一个角色，这个角色是独一无二的，因为它有独特的外表、有唯一的昵称，这个角色就代表了你。为了创造一种情景感、代入感，在情况允许的条件下，如参与人数比较少，教师能够迅速记忆每一位参与者的"昵称"，教师就可以让每一位参与者给自己重新命名，名字的字数可以设置在 2-4 个字之间，通过昵称建立起每一个同学的档案。昵称能够给参与者一种归属感、掌控感，因为有可能有些孩子并不是那么喜欢他自己的名字也说不定。如果条件不允许的话，也可以选择使用学号替代昵称，就像 007 也是个不错的代号。而这些昵称归属于个人，不允许随意更改，请参与者慎重取名。

　　2.优化当前的评分系统。虽然进入初中的学生已经经历过了小学的评分阶段，但是，说起分数这个事情，当每一个人刚开始接触评分并且被评分时，都满心以为自己能够得到最好的分数。而实际上，现在的评分系统，给大多数人的第一感受是打击，因为他们以为的满分到头来却是试卷上的一个接一个的错误让他们离满分越来越远。有可能在小学评分系统的缺陷并没有这么明显，大多数的孩子都还能拿到 90 分以上，甚至 100 分，但是一旦进入初中，我们会发现，满分变得没有那么容易了，评分给孩子们带来的更多的是打击，而不是激励，并且反馈循环机制又只围绕失败而建。并且，当前的教育现状，以成绩论英雄。每次考试都会给学生一个分数，但是分数到底有什么意义呢？有些学生有可能会发现，他们使尽浑身解数获得了一个较高的分数，或者将自己高高挂在排行榜的前列，虽然能在一段时间内保持兴奋，但是长期下来，这些学生们会因为永无止境的考试而产生疲劳感，并会因此感到迷茫，为什么要考高分，甚至进一步质疑到学习的意义。这是因为，在学习的过程中，如果没有深刻意识到学习的意义，且并不认为学习是一件多么有趣的事情，当学生在源源不断的学习任务和考试试卷时，他会不断地问自己："我究竟为什么要这样做？"即使有学生关注分数，并且在意分数，这也仅仅只是外在动机，而没有引发他的内在驱动力，或许在再也没有考试之后，他有可能会选择放弃学习。所以我们应当把评分放在新的背景下考虑，使评分系统令人具有积极性，为促进学习而优化评分系统。而在游戏中，我们可以发现，玩家总是被进步驱动着前行，每当玩家完成一个任务或者击败一个怪兽时，都会得到奖励，并且对达成的渴求比完不成目标的恐惧更能激励人，而为了达到这个目的，我们可以把每次考试得到的分数折合成经验值（EXP）。所有的学生都从 0EXP 开始。在进步的过程中，EXP 不断增加（持续地为等级这个清晰且实际的目标努力，每一级都能得到额外的好处）。每一次作业和考试的评分就会感觉像鼓励而非打击，毕竟得到永远比失去有趣得多。而且，这种教学方法永远不会让学生想要放弃，最棒的是教师根本不用改变班级原有的评分制度，考试的分数还是那么多，教师可以根据班级的平均成绩和每个分数段之间的人数来划分区间，比方说90至100分得5EXP，89分至80分得4EXP，79分至70分得3EXP，69分至60分2EXP，60分以下得1EXP。可以根据实际情况进行划分。这样就把以前的扣分系统变为了增加经验值的系统了，学习会变得更加的高效。当EXP累积到了一定程度时，可以设置升级系统，以此激励增加EXP。

3.激发技能。通过积累EXP达到升级的目的，但是仅仅只是升级还是远远不够的。外在动力能够更好地激发内在动力。教师可以在参与者晋级的同时赋予一些特殊的"技能"，考虑到考试的目的在于检测学生对知识点的掌握程度，而检测的分数不论是对于孩子还是教师而言那个数字并没有想象中的重要，所以我们可以把分数作为一种手段来激励学习。比方说：跳跃一级（可以在生物试卷中跳跃一道选择题，并直接赋予分数）；跳跃二级（可以在生物试卷中跳跃一道选择题或填空题，并直接赋予分数）；跳跃三级（可以在生物试卷中跳跃一道选择题和一道填空题，并直接赋予分数）。可以通过设计诸如此类的技能，给学生的晋级带来真正的收益。如若没有技能的赋予，评分就只是一种武断的奖励形式，也没能突出教育的内在价值。

4.设立成就。成就系统的理论依据来自于心理学的麦克利兰成就需要理论。他做了这么一个实验：假设你进入到一个空无一人的屋子里进行一个套圈的游戏，你可以自行选择套圈的起始位置。那么你是会选择距离目标非常近的位置，毫无挑战性，还是会选择具体目标很远的位置，几乎不可能成功，还是选择距离目标适中的位置，只要多加练习就能次次命中目标呢？而这些选择又意味着什么呢？选择前两者的玩家，成就动机较低。内在原因是在于玩家害怕失败或者不计较成败，为距离很近，就能百发百中；距离很远，成败与否都没有关系。选择距离适中的玩家则成就动机较高。玩家给自己选择了一个具有挑战性的位置。麦克利兰发现具有较强成就动机的人源于他们具有较强的成就需要，而且这种成就需要并非与生俱来天生的，而是源于后天，得自于环境、经历和培养教育等。并且当成就动机较高时获得成功的可能性比一般水平较高。学生的学习也是有成就需要的，所以教师可以设立恰当的、适合的成就体系来调节学生的成就动机。

教师建立系统可以分为两个部分，一部分是设立个人成就，一部分是设立班级成就，从而形成"成就树"。就个人而言，发展个人能力能够获得成就，从而给予学生的刺激不再停留在物质或者分数层面上，添加精神追求，并且这个追求在学生达到一个目标时又有另一个目标不断激励学生前进，从而提高学习动机。比方说可以设置，三次月考分数达成70分以上，奖励1EXP；三次月考分数达成80分以上，奖励2EXP；三次月考分数达成90分以上，奖励3EXP；三次月考分数达成100分，奖励5EXP。分数成就的设立要点在于不能将间距设置得太大，如果差距太大，会让低分数的学生感觉高分数的学生的EXP是那么的遥不可及，导致动力降低，或者出现"唯分数论"。还可以设立一些与分数并不那么挂钩的成就，让成就系统变得更好"玩"。如可以设立更改昵称成就，当每个人设立了自己的初识昵称后是不允许随意更改的，但是当EXP达到35时就可以拥有一次更改机会，且不累加。这样的个人成就为整个成就系统增添些许个性色彩。班级成就对于一个班级来说至关重要，对于个人来说也有非常大的影响力。我们知道在班级管理中班风、学风建设占很大的分量，通过班级成就系统，能够极大程度上的加强班风和学风的建设。比方说，在学校一个学期有四次月考，再加上教师在课堂中的随堂测验每三周一次共五次考试，合计有九个成绩分数。按照之前设立的评分系统和个人成就系统，再根据班级的具体情况逐一设置班级成就。如这样的班级成就："如果一名学生得到了50EXP，整个班级就无条件取得5EXP的加成"或者"如果五名学生获得40EXP，整个班级可获得5EXP的加成"。从而利用班级成就系统将班级拧成一股绳，既鼓励优等生去帮助同学也鼓励了学生们友爱地团结协作。如果这些好学生不能帮助他们的同学整体提高分数，他们自己也完成不了成就拿不到最高分。同时，那些后进生非但不会嫉妒他们的同学，反而会为他们加油，因为其他学生的成功，也会帮助提升他们的分数。从而加强班级的班风、学风建设。

5. 提供奖励。虽然说奖励机制对于初中生的作用没有小学生那么明显，但是显而易见的是每个人对奖励的渴望依旧是不可取代的。就像是在的诸多网络游戏中，会有充值多少元即可得到什么样的游戏奖励，诸如此类的刺激消费的规则，实际上购买者内心很清楚羊毛还是出在羊身上，但是依旧会有不少人前赴后继。所以说不要以为奖励对于成年人就没有了吸引力，奖励对于每一个人都是有作用的。教师可以每间隔一段时间就设立奖励的颁发制度，但不要太频繁，如果太频繁，奖励就变得没那么有吸引力。就像是三好学生之类的评比，完全可以当作是一种奖励。也可以是提供一套试题，学生可以选择是否参与答题，再在全班同学的监督下，在参与答题并且分数达到 75 分的同学的试卷中抽取出三张试卷，试卷上的昵称即为此次奖励的得主。设置的分数线能够起到提高学生学习动机的作用，随机性的奖励也大大增加了学生的参与度，不论是优等生还是后进生只要参与进来都有可能成为奖励得主。

至此游戏化教学模式的环境创建成功，并在此环境下实施生物课程的游戏化教学模式。

第三节 游戏型教学模式的实践分析

一、实践对象的选取

在构建游戏化教学模式之后，根据前期与任课教师交流，初步进行成绩对比，并且通过教学观察研究，本书选取了同一学校的七（一）、七（二）两个班的学生开展教学实践研究。一班作为实验班，二班作为对照班。

二、研究工具的选择

（一）生物知识试卷

在进行游戏化教学模式教学之前，编制《生物知识前测题》用于检测两班学生的生物成绩。在游戏化教学模式实施实验结束后，编制《生物知识后测题》用于检测两班学生的生物成绩。

（二）数据统计软件

使用 Excel WPS 录入、整理调查数据；使用 Spss for windows 19.0 对数据进行独立样本 t 检验和配对样本 t 检验，以判断对照班与实验班在成绩上是否具有显著差异，检测实验班实验前后学习成绩和兴趣情况。

算术平均数：是所有数据的总和除以总频数所得的商，是反映数据集中趋势的一项指标。可从总体情况上看出实验组与对照组的差异。

标准差：差异量指标之一，是衡量一个样本波动大小的量，样本方差或样本标准差越大，样本数据的波动就越大；反之，样本方差或样本标准差越小，样本数据的波动就越小能反映一组数据集的离散程度。可从整体上反映出样本内数据的波动情况。

差异显著性 T 检验：就是对两个研究总体平均数之间的差异进行统计分析。在本教育研究中是通过对实验班和对照班学生学习水平进行比较的方法来说明

实验的效果，最后应用差异显著性检验可提高结论的可靠性。可判定出实验对照组之间的差异性。

（三）初中生物学习兴趣评价量表

兴趣是个体积极探究某种事物或进行某种活动，并在其中产生积极情绪体验的心理倾向气学习兴趣也包含在兴趣当中。它能够对学生的学习起到推进作用。良好的学习兴趣能够提升学生的学习成绩。

本书所设计的《初中生物学习兴趣评价量表》（见附录2-6）是参照吉世印编制的中学生物理学习兴趣量表并根据研究内容改编而成，共42道题，内含两个分量表：一是生物学习兴趣水平量表，二是生物学习兴趣效度量表。

三、教学实施的设计

研究采用不等组前后测方法。在实验前用《初中生物学习兴趣评价量表》检测实验班学生的学习兴趣情况，并通过统计试卷成绩，检测实验班和对照班原有的近似程度；实验过程中，实验班的生物教学中使用游戏化教学模式进行教学，对照班则采用常规教学。实验结束后，同时检测实验班和对照班的生物成绩，并检测实验班学生的学习兴趣的情况；分析检测结果，得出结论。

四、教学实施的过程

（一）前测结果与分析

实验前，统计七（一）、七（二）班的生物成绩，并用《初中生物学习兴趣评价量表》检测两个班学生的学习兴趣。

表 2-11　学生生物成绩前测数据基本统计量表组统计

班级	人数	平均分	标准差（SD）	均值的标准误
对照班	39	55.08	8.588	1.375
实验班	40	53.48	7.057	1.116

表 2-12　独立样本 T 检验结果表

	F sig.	t	df	Sig.（双侧）	均值差值	标准误差值	差分的95% 置信区间	
							下限	上限
假设方差相等	2.3910.126	0.907	77	0.367	1.602	1.766	-1.916	5.119
		0.905	73.473	0.369	1.602	1.771	-1.927	5.131

从表 2-11、2-12 可以看出对照班和实验班学生的成绩平均成绩分别为 55.08 分和 53.48 分，标准差分别为 8.588 和 7.057，标准偏差分别是 1.375 和 1.116。F 的统计量的值是 2.391，对应的置信水平是 0.126，说明两样本方差之间不存在显著差异，所以采用的方法是两样本等方差 T 检验。T 统计量的值是 0.907 和 0.905，自由度是 77 和 73.473，95% 的置信区间是（-1.916，5.119）和（-1.927，5.131），临界置信水平为 0.367 和 0.369，远大于 5%。所以对照班与实验班之间的生物成绩无显著性差异，可以进行对比实验。

（二）教学实践过程

本次研究选取了人教版七年级下册第四单元生物圈中的人的第二章人体的营养作为实践内容。第二章总共有三节内容，主要围绕"人体的营养"这一主题，包括食物中的营养物质、消化和吸收、合理营养与食品安全。人类的生存离不开各种营养物质，认同营养物质主要来源于生物圈的其他生物，营养物质进入人体内需要通过消化和吸收，并且人类需要养成良好的饮食习惯，注意合理营养、关注食品安全。

在课前，本书预先理清当节课中的教学目标，包括知识目标、技能目标、情感态度价值观目标，并且设计好课中的各分目标。根据每个分目标设计出其相应的线索。告知全班同学本学期有一个规则，班上的同学可以通过在生物课上积累EXP来兑换实体奖励。在生物课上，每位同学用学号作为昵称，通过线索做出选择或决定，以此得到EXP，解锁下一关卡。

案例一：第一节食物中的营养物质

【教学目标】

知识目标：说出人体需要的主要营养物质，概述主要营养物质的作用和营养物质的食物来源。区分几种无机盐和维生素的来源和缺乏症状。

能力目标：加深对科学探究一般过程的认识，进一步提高提出问题、做出假设、制定并实施探究计划、处理数据和分析探究结果的能力。

情感态度与价值观目标：关注食物中的营养物质，认同人类的营养物质主要来自于生物圈中其他生物的观点。

具体如图2-2所示。

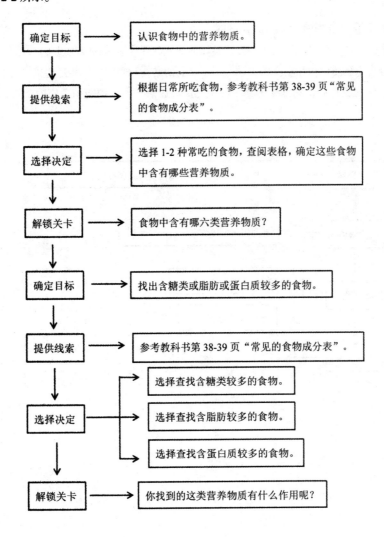

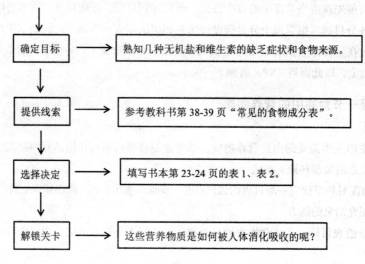

图 2-2

案例二：第二节消化和吸收【教学目标】

知识目标：描述人体消化系统的组成。概述食物的消化和营养物质的吸收过程。

能力目标：分析小肠的结构和功能的关系，说出小肠的结构与吸收功能相适应的特点。

情感态度与价值观目标：认同细嚼慢咽、肝胆相照等成语与人体构造相适应的观点，养成良好的饮食习惯。

具体见图 2-3。

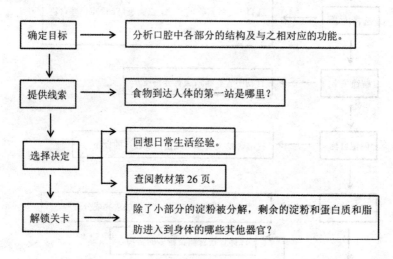

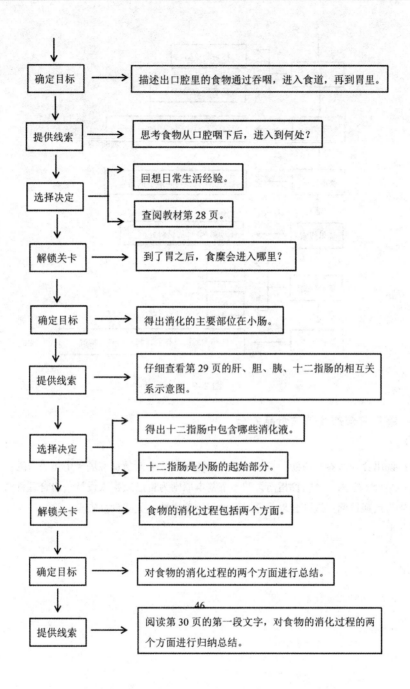

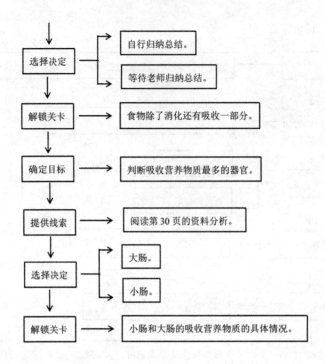

图 2-3

案例三：第三节合理营养与食品安全

【教学目标】

知识目标：说出合理营养的内涵。举例说出中国居民的"平衡膳食宝塔"中每层塔的代表食物。

能力目标：结合《中国居民膳食指南》的十条基本原则为自己或家人设计一份合理食谱。

情感态度与价值观目标：认同合理营养对青少年的重要性，关注食品安全。

具体见图 2-4。

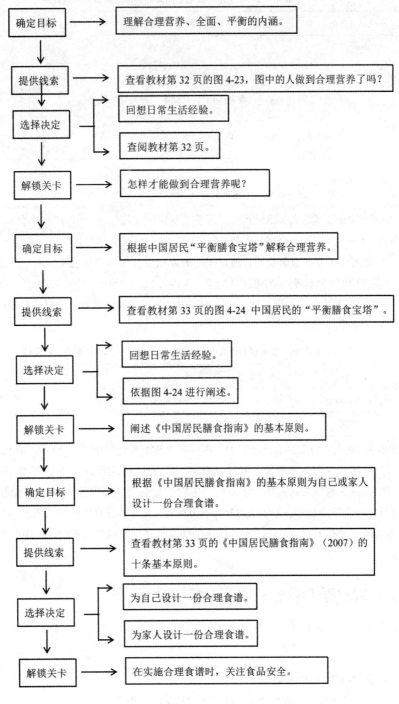

图2-4

（三）后测结果与分析

在教学实践结束后1个周，再用生物试卷和《初中生物学习兴趣评价量表》检测实验班和对照班学生的生物成绩和学习兴趣情况。

表 2-13　学生生物成绩前测数据基本统计量表组统计

班级	人数	平均分	标准差（SD）	均值的标准误
对照班	39	55.51	7.203	1.153
实验班	40	55.43	7.445	1.177

表 2-14　独立样本 T 检验结果表

	F sig.	t	df	Sig.（双侧）	均值差值	标准误差值	差分的 95% 置信区间	
							下限	上限
假设方差相等	0.170.898	0.53	77	0.958	0.088	1.649	-3.195	3.371
		0.53	76.996	0.958	0.088	1.648	-3.194	3.370

从表 2-13、2-14 可以看出对照班和实验班学生的成绩平均成绩分别为 55.51 分和 55.43 分，标准差分别为 7.203 和 7.445，标准偏差分别是 1.153 和 1.177。F 的统计量的值是 0.17，对应的置信水平是 0.898，说明两样本方差之间不存在显著差异，所以采用的方法是两样本等方差 T 检验。T 统计量的值是 0.53 和 0.53，自由度是 77 和 76.996，95% 的置信区间是（-3.195，3.371）和（-3.194，3.370），临界置信水平为 0.958，远大于 5%。所以对照班与实验班之间的生物成绩无显著性差异，并且实验班的生物成绩在实验前后没有显著变化，稍有提高。

表 2-15　实验班教学实验前后初中生物学习兴趣评价量表成绩比较

	状态	有效卷数	平均分	标准差	T 值	p 值
成绩	实验前	34	99.24	19.204	-2.337	0.022
	实验后	37	109.62	18.234	-	-

实验班总共 40 人，在实验前进行初中生物学习兴趣测量，发放量表 40 份，有效量表仅为 34 份。在实验后进行初中生物学习兴趣测量，发放量表 40 份，有效量表仅为 37 份。从表 16 两配对样本 T 检验的结果中可以看到，教学实验前实验班的初中生物学习兴趣的平均分为 99.24，而教学实验后平均分为 109.62。教学实验前后的 t 统计值为 -2.337（p=0.022），比显著性水平 0.05 要低，即是说教学实验后，初中生物学习兴趣得分有了显著变化。而从这两个样本的平均成绩可以看出，初中生物学习兴趣得分有了显著性提高。

五、实践过程中的常见问题及解决策略

在实施游戏化教学的过程中，本书在一路摸索中也有遇到一些问题，仅此提出些许看法和解决策略以供参考。

（一）教学与游戏简单叠加

在初接触游戏化教学时，容易把游戏在课堂中的运用当作是游戏化教学模式的主要形式。而实际上，这样的为了游戏而游戏的游戏，给人的感觉就像是必须要完成的任务，学生们也能够感觉出来，从而导致学生参与游戏的积极性并不高，最终所谓的"游戏化教学"失败。仅仅只是给如"苦药"般的学习穿上游戏的"糖衣"是远远不够的，教学与游戏的结合不是把游戏生搬硬套地嵌入到教学中，而是要深刻理解游戏化教学模式的理念并掌握游戏化的方法，将教学与游戏有效地整合，才能上一堂真正的游戏化教学的课。

（二）游戏内容与教学脱节

之前所述教学与游戏简单叠加是源于教师未曾挖掘教育的游戏性，误把"游戏"当游戏，游戏内容与教学脱节是源于教师未挖掘游戏的教育性，仅把游戏当作游戏。其实两者都是源于教师对游戏化教学模式的理解不够透彻，没有根据教学目标去设计游戏。如若游戏内容与教学内容完全脱离，那么这样的游戏不应该出现在课堂中，因为它没有教育的意义，丧失了教育的价值。因此，游戏化教学模式需要教师按照教学目的去选择游戏，按照游戏形式去调整教学过程，不仅要"乐"，更要"乐中学"。

（三）游戏化教学组织困难

游戏化教学模式的课堂能够有效地调动学生的积极性，但是稍有不慎就会"积极"过头，导致游戏化教学成为形式化，没有有效地达成教学目的。所以在游戏化教学之前制定完善的规则是十分有必要的。有时候在游戏化教学中，学生会因为教师给予的不同的评判而对游戏产生反感，并不是学生不喜欢游戏，而是他们觉得没有得到公平的对待。或者有的学生因为感觉到课堂气氛的活跃，变得难以自我控制，这时候就需要之前提出的规则对其进行约束。如果教师没有考虑周全，直到开始游戏化教学之后才临时支招，有可能会产生不必要的麻烦，而这些麻烦在课前通过教师的深思熟虑其实是可以避免的。由此，有了充足的课前准备，加上教师的应变能力，以不变应万变，才能更有效地开展游戏化教学。

六、教学实践结论

游戏化教学模式通过确定目标、提供线索、选择决定、解锁关卡，使课堂教学充满了对智慧的挑战和对好奇心的满足，唤醒学生的内在学习动机。通过添加游戏因素的游戏化教学，使初中学生端正学习生物的态度，明确学习生物的目的，激发学生学习生物的兴趣和求知欲，培养学生的情感态度和价值观，提高初中生物课堂教学效益。更好地引导学生在游戏化中体验、感受生物，学好、用好生物，这是符合"以人为本"的教学理念的，必将更积极、生动、活泼地促进学生的全面发展。并且从前后测的两次试卷成绩看出，短时间内游戏化教学模式对生物成绩的影响不显著。学生成绩比较稳定。

第三章　翻转课堂教学模式的设计与实践

第一节　翻转课堂教学模式概述

美国科罗拉多州落基山的"林地公园"高中的 Jon Bergrmann 和 Aaron Sams 最早提出了"翻转课堂"这一理念。产生这种想法的原因是为了解决很多学生因病而无法上学导致落课的问题，他们使用工具将 PPT 录制成视频，还收录了音频并将这些资料上传到网络上供学生们下载。随后，两位教师对于如何更好地提高教学效果有了更为深刻的思考，因此提出了翻转课堂的理念。翻转课堂这一概念是由萨尔曼·可汗在 TED 中做关于《用视频重新创造教育》的报告时首次提出的。翻转课堂这一概念一经出现，便受到世界各地研究者们的广泛关注。

一、翻转课堂教学模式的定义

翻转课堂，也叫颠倒课堂，其英文名字是 Flipped Classroom。顾名思义，翻转课堂即是对课堂的一种颠覆，即是对教师的教和学生的学的一种颠覆。

对于翻转课堂概念的界定，国内外有很多学者提出了自己的想法。比如，英特尔全球教育总监 Brian Gonzalez 认为，"翻转课堂是指教育者赋予学生更多的自由，把知识传授的过程放在教室外，让大家选择最适合自己的方式接受新知识；而把知识内化的过程放在教室内，以便同学之间、同学和老师之间有更多的沟通和交流。"萨尔曼·可汗认为，"翻转课堂是教师分配视频讲座给学生，学生按照自己的节奏暂停、复读，用自己的时间做这些事情，学生在家按照自己的节奏进行学习，之后，回到教室，在有老师指导的情况下，自己进行他们的学习，同龄人之间可以进行配合，老师运用科技力量将课堂进行了人性化。"

本书进行了对国内外文献进行了搜索，并展开梳理和深入分析。基于文献的分析结果，本书认为翻转课堂教学模式是利用信息技术手段，课前课后的学生时间，并充分利用课上与教师交流学习的时间，分课前、课中和课后三个阶段进行学习，以达到提高学生学习效果的目的。这是一种颠覆多年已久的传统课堂教学模式的新兴教学手段，虽然对于很多教师是一种前所未有的挑战，但新的尝试能够带来很多收益。

二、传统课堂教学模式与翻转课堂教学模式的比较

传统教学过程主要两个阶段，传授和知识内化。知识传授是指教师调用自己的教法知识将学科知识传递给学生：知识内化是指学生将教师传授给他们的知识内化为自己所能理解的知识。在传统课堂的知识传授阶段，教师主要通过讲授的方式，实现新知识的传授。学生则通过完成课后作业或者实践操作来实现知识的内化。相对于传统课堂，翻转课堂中，学生通过观看教学视频完成新知识的学习，而在课堂上实现知识的内化，学生通过教师和同伴的帮助下共同形成的阶段，整个形式发生了对调，因此得名翻

转课堂。传统课堂与翻转课堂的比较如表3-1所示。

表 3-1 传统课堂与翻转课堂的比较情况

	传统课堂	翻转课堂
教师	课堂主导者	学习促进者和协助者
学生	被动接受者	主动学习者
教学模式	课堂讲解和课后作业	课前学习和课中研讨
课堂时间分配	教师讲解为主	师生互动为主
教学内容	知识讲解和传授	问题探究
教学手段	知识呈现	主动学习、合作探究学习工具
教学评价	纸质考试	多维度评价

本书认为翻转课堂教学模式主要从教师的教学模式、学生的学习方式和课堂的时间分配这三方面的颠覆，以下是详细介绍：

（1）教师的教学模式

传统的课堂中，教师是整个课堂的主导者，将知识内容使用讲授的方式传递给学生，而在翻转课堂中，教师变成了促进者和协助者，他们不再是课堂教学的中心，由于角色的转变，教师的教学模式也随之发生了变化，取代传统讲授方式的是使用信息技术手段如视频、音频、课件等教学资源向学生传递知识。这类教学资源教师有多种获取方式，如网络下载、购买或自主根据实际课程内容的要求进行设计和开发，这种方式更能有效地帮助学生的学习，更具有针对性。

教学模式的改变对于传统教师来说是一种挑战，因为教学模式的转变不仅仅是知识资源呈现的方式的转变、教学方法的转变，还包括教学策略等方面的转变。在翻转课堂中，新的教学策略是，教师不应过多参与学生知识接受的过程，而是要引导学生的学习，在课堂中学生如果发现问题，教师应该提供适当的指导和帮助，真正做到促进者和协助者。在结束了某一知识阶段的学习后，教师应该及时对学生学习的掌握程度做调查，并根据不同学生的问题提供相应的指导，并告知学生在哪些方面出现了问题，让学生在此阶段的学习对自己有明确的定位。

（2）学生的学习方式

随着教师教学方式的改变学生的学习方式也发生着变化，传统的课堂中学生是坐在教室中单纯的听课，参与性并不强也不是课堂的主体只是被动地接受。而在翻转课堂中，学生在课前已经将教师布置的教学资源自学过并记录下在自学过程中遇到的问题，在课堂上学生需要向教师和自己的学习同伴提出自己的问题然后在大家的帮助下解决。在整个课堂教学中，学生是主体起到主导的作用。学生可以通过积极的课堂参与和反复对知识的探讨可以达到对知识深入理解的目的。

（3）课堂的时间分配

传统课堂与翻转课堂对于课堂的时间分配存在很大差异。在传统课堂中，课堂的大部分时间是被教师占用，教师为完成教学任务不断地在输出知识，而学生是被动的输入。而在翻转课堂中知识灌输这部分所占用的时间被移到了课后，学生通过自主学习而获得，课上的时间主要用于学生与教师和同伴之间的讨论和交流，以解决学生在自学时遇到的问题。

时间的有效利用可以达到事半功倍的效果，翻转课堂对时间安排的重新调整，将更多的时间分配给学生让学生成为课堂的中心。虽然学生是课堂的主体，但教师的关键作用不容忽视，因为整个课堂的时间还是需要教师的合理分配才能高效化，这对教师也是一种挑战。

三、翻转课堂教学模式现状

（一）问卷的设计与实施

本次问卷调查的目的是厘清初中生物课程教学与学习的现状，从而得出当前初中生物教学中存在的问题及成因，根据数据分析结果，提出相应的培养改进方法，为创新教学模式的提出提供理论依据。

本书通过查阅大量的文献，基于国内有关初中生物教学现状的问卷，对其进行改编设计形成了《初中生物课程学习现状调查问卷》。问卷中包含 18 道单项选择题，1 道开放性问答题。其中单项选择题中涉及七部分的调查内容：（1）学生基本情况；（2）学生使用电子设备上网情况；（3）生物课堂上学生的上课状态；（4）学生对生物教学内容的态度；（5）学生对课堂教学活动的看法；（6）课堂指导与答疑解难；（7）学生对利用网络学习生物课程的期待。

本次调查问卷以 H 校初中部初一年级学生为调查对象，共发放问卷 158 份，回收 158 份，经过整理后得到有效问卷 146 份。

（二）数据收集与分析

1. 学生使用电子设备上网情况

通过问卷调查（附录 3-1）发现，99% 的被调查者家里都有电脑，所有被调查者中仅有 2 人家里没有电脑，但是都具有手机，所以说家庭拥有上网设备的比率达到了 100%。其中调查数据（如图 3-1）表明，42.5% 的学生每天都可以使用电子设备上网，31.5% 的学生一周有几天时间可以上网，22% 的学生周末可以上网。这些数据表明，学生在课下有充足的时间利用网络设备学习和娱乐。

对学生上网时间安排的调查结果显示，62% 的学生均使用电子设备聊天、玩游戏等，仅有 22.6% 的学生利用网络进行学习。说明大部分学生仍然没有利用网络进行学习的习惯，而且网上资源良莠不齐，学生很难快速找到所需的资源，从而导致学生很少利用网络进行学习。而学生在上网时，使用的主要软件就是微信，因此说微信是一个良好的沟通、交流的平台。

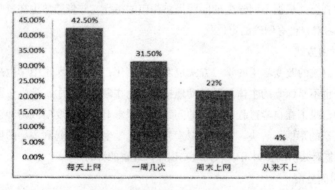

图 3-1　学生每周上网时间

2. 生物课堂上学生的上课状态

生物课堂上学生学习情况的调查结果如图 3-2 所示，32.5% 的学生能够全神贯注听老师讲授 30 分钟以上，32% 的学生能认真听课 20 分钟左右，而 35.5% 的学生仅能在课堂前 10 分钟左右认真听课。结果表明，学生在生物课堂上的注意力在前 10 分钟最集中，随后会有越来越多的学生走神、睡觉，整个课堂状态不断降低。因此说，生物教师的讲授时间应该控制在 10 分钟左右，这样能在学生注意力最集中的时间段传授知识，以保障学生的学习效果。

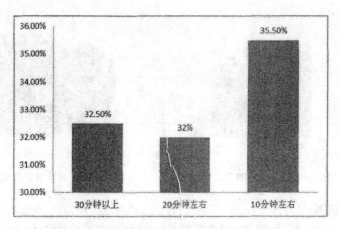

图 3-2　学生集中注意力听课时间

3.学生对生物教学内容的态度

调查数据表明，78%的学生非常喜欢生物教师所讲授的内容，这表明学生对生物课程的学习非常感兴趣。这一点也可以从学生会利用课外时间进一步探究生物课程内容的调查中得出，如图 3-3 所示，其中 69%的学生有意愿在课后进一步巩固所学的生物课程内容，24%的学生经常这样做，但是受到现实情况的制约，学生需要把大量的精力投入到主要科目的学习中，所以 45%的学生有意愿对生物内容进一步探究，但是却没有付诸实践。此外，还有 18%的学生对教师讲授的内容不感兴趣，教师所讲的知识无法调动他们的兴趣点。这就表明，教师在教学时并没有做到因材施教，教学内容并未体现出层次性，从而使得一些学生并未真正参与到课堂中。

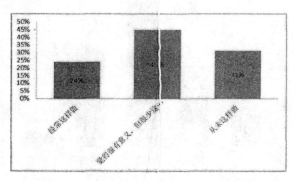

图 3-3　学生在课后对内容进行巩固和练习情况

4.学生对课堂教学活动的看法

调查数据显示，98%的学生都不喜欢教师占据整堂课进行内容讲授。但是在真实的课堂教学中（如图 3-4 所示），只有 12%的教师在课堂教学中开展小组协作学习、自主探究、合作交流等教学活动；仅有 49%的教师偶尔开展此类教学活动；而 39%的教师几乎不开展教学活动。在问到学生是否愿意在课堂上进行协作学习、自主探究时（如图 3-5 所示），72%的学生都愿意进行小组合作学习或自主探究，14%的学生倾向老师直接讲授的方式。这些数据表明，学生更希望教师在课堂教学中设置自主探究和小组协作学习环节，而不是纯粹的讲授式教学。但是，当前的课堂教学中仍然是以教师的教为主，学生只能被动接受，而且教师不能给学生留出充足的时间思考问题或者小组合作探究。

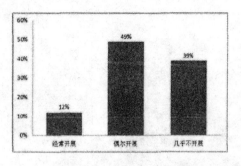

图3-4 教师开展协作学习、自主探究等教学活动

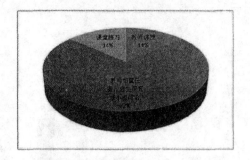

图3-5 学生喜欢的课堂教学活动

5. 课堂指导与答疑解难

88% 的教师都很少对学生进行课堂指导和答疑解难，学生只能课后利用网络来自己解决。仅仅 12% 的教师能够在教授内容的同时，完成对学生的指导与帮助。造成这一现象的原因是生物学科受重视程度不够，一周二节课，课时安排紧张，教材内容分布不均衡，教师仅能利用课堂时间讲解内容知识，追赶教学进度，如果在课堂上进行指导会花费大量的时间，从而影响教学进度。

6. 学生对利用网络学习生物课程的期待

74% 的学生希望教师改变当前的教学方式，而且 81% 的学生希望使用网络学习生物课程。由此可见，学生对于利用网络学习的新型教学方式具有较高的热情，87% 的学生希望以"图像"、"动画"、"视频"等方式呈现教学内容，如图 3-6 所示。

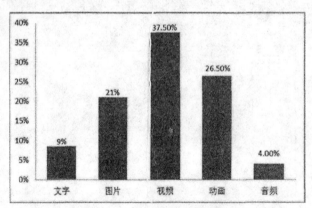

图3-6 你喜欢以哪种形式呈现网络课程的内容

7. 学生对生物课程的期待和建议

从以上调查结果以及对学生回答内容的整理与统计，可以得出，在课堂上，学生希望教师能够减少讲授时间，在教学活动中多进行小组协作学习、自主探究、讨论交流等。教师讲授的生物知识能够跟实际生活联系到一起，为学生创设一定的教学情境，充分调动起学生的学习兴趣。当学生遇到疑难问题时，教师能够及时给出解答，或者引导学生进行自主探究或合作学习。

（三）存在的问题与解读

1. 以教为中心的传统教学模式

通过对上述调查数据的分析可以看出，当前的教学模式仍然是以教师的教为主导，学生被迫作为知识的接受者。教师作为课堂的中心，主要考虑一节课要完成的教学任务，因此以讲授教材内容贯穿整堂课,而这种满堂灌、填鸭式的教学不给学生留出思考的时间,更不必说小组合作、自主探究等师生互动的教学活动,加之教师在讲授时主要以板书、PPT 等方式梳理理论知识,教学内容脱离实际,枯燥无味,导致学生逐渐丧失对生物学科学习的兴趣和积极性。因此说,教师应该试图打破这种僵局,无须一个人在课堂上唱独角戏,而是尝试在授课的同时,把学生作为课堂的主体,充分调动学生的积极性,引导学生主动思考问题,给学生留出足够的空间进行自由讨论、合作交流等,使学生在自主探究或合作的过程中真正学到知识、找到解决问题的方法,而不是死记硬背书本上的基础知识。

2. 师生互动频率低

师生互动是课堂教学的一个重要环节,但是在实际课堂上,以教为中心的教学模式导致师生之间的互动并未体现的十分显著,教师为学生答疑解难,或者与学生交流内容知识、心得体会的时间极其有限,这也使得一些教师未能准确理解学生对知识的掌握情况,以及学生存在的疑问和误区,因此也未能及时对教学方式做出调整,长此以往,形成恶性循环,导致整体教学效果每况愈下。因此说,教师不能一味地进行知识讲解,而是要随时向学生提出相应的问题,让学生根据提出的问题进行自我思考或交流讨论,学生回答后要对学生的回答进行评价与总结,并给予鼓励,师生之间在这种良好的互动状态下,有助于加强学生对知识的掌握,提高学习的积极性。

3. 忽视对学生自主学习、自主探究能力的培养

在课堂教学中,教师除了使学生掌握必备的基础知识外,还要有意引导学生进行自主学习、自主探究。但是,目前许多教师依然认为传授知识才是教师的职责,在教学设计和课堂讲授时,只考虑如何将教学内容以最快的速度传授给学生,根本不考虑对学生能力的培养,有些教师为了追赶教学进度,甚至一堂课 45 分钟的时间都用来讲课,不给学生自主探究的机会。初中生正式思维最活跃的时候,也是培养他们创造性思维的最佳时期,因此,教师应该在课后给学生布置适当的任务,使学生在课后进行自主探究、独立学习,使学生养成良好的自主学习习惯。教师应该在课堂中尽量减少讲授时间,以问题为导向,引导学习进行自主学习、自主探究,并不断鼓励学生多思考、多提问,努力为学生创建一个良好、轻松的学习氛围。

4. 生物学科重视程度不够

由于初中生物课程不在中考考试科目范围内,导致学校、教师、家长对其重视程度不够。部分生物教师对教学工作失去热情,不够重视;对学生而言,繁重的主科课程学习,加之单调、乏味、枯燥的课堂教学,无法激发学生对生物学科的学习兴趣,学习态度不端正,认为只要应付考试就行了。各个方面的因素导致生物学科教学处于不利的地位,要想改变现状,必须有针对性的优化生物学科教学,探求新的教学模式。

由此可见,生物学科教学急需改革,学校、教师都应该对当前的生物学科教学现状进行反思,找到突破口,解决当前生物学科教学中存在的诸多问题,从而改善教学、满足学生的需求、提高教学效率。调查数据显示,83% 的学生都希望改变当前的教学方式,75% 的学生使用网络学习生物课程,而且 99% 的学生都愿意在课堂教学中进行小组合作学习或自主探究,并且希望教学内容能够以动画、视频或图片的形式呈现。种种数据表明,当前新兴的翻转课堂能够改变当前的现状,并满足学生的需求,为后续研究奠定了坚实的基础。

第二节 翻转课堂教学模式的课程设计

我国颁布的一系列教学大纲和课程标准表明，生物学科要培养学生的观察能力、实验能力、思维能力和自学能力，生物学科要提高学生的生物科学素养。从学生身边熟悉的事物出发，面向全体学生，体现学生的主体作用，倡导探究性学习，并强调初中生物教学应该改变学生传统的学习方式，引导学生勤于动手、主动参与、敢于发现问题并解决问题。而在传统课堂的教学模式中，知识传授在课堂中完成，练习和做作业的活动在课下进行。这种传统的教学模式造成了一个广为认可的问题，即学生在课后练习和做作业的活动中，需要老师的进一步指导，实现知识的进一步内化。

翻转课堂是一种新的教学实践模式，它提倡将传统课堂中的知识传授部分，在课前由学生通过观看教学视频和相关资料的自学方式完成。而传统课堂中的课后活动则转移到课堂教学中完成。翻转课堂提倡知识传授和知识内化的颠倒，采用以学生为主体，基于信息化课程资源，改变传统课堂课内知识传授课下知识内化的一种新型教学模式，这顺应了当今数字化时代的需求，有助于实现因材施教，同时也为教师同行之间的学习提供了机遇。结合我国初中生物的学科特点，翻转课堂的教学模式符合我国对初中生物学科的培养目标，有助于学生分析问题和解决问题等能力的培养。

本书结合初中生物的学科特点，基于问卷调查对于生物传统课堂以及学生需求的结果分析，尝试设计初中生物课程翻转课堂的教学模式，针对每一模块展开详细介绍，并提出本书设计的初中生物教学模式所适用的教学策略。

一、翻转课堂教学模式的步骤

本书在美国富兰克林学院 Rober Talber 教授和国内张金磊等学者构建的翻转课堂模型的基础上，基于建构主义学习理论、系统化教学设计理论，并相应结合混合主义学习理论，依据初中生物课程的学科特点，初步创建初中生物翻转课堂教学模式，如图 3-7 所示。本书创建的初中生物翻转课堂教学模式主要分为课前和课中两大模块，且两者之间是循环进行的，而不是彼此独立的。课前模块有观看教学视频、相关资料阅览、针对性课前练习和课前讨论四个小模块，且从图中可以看出四个模块之间的关系，流程可以根据学生的需求随意进行。课中阶段则有快速少量测评、确定问题、创设情境、独立探究、协作学习、成果展示、教师指导和反馈与评价八个小模块，从图中我们可以看出，反馈与评价的结果将会影响到下一轮学习的展开，形成一个循环的流程。下面对每一模块中教师和学生的主要活动进行详细介绍。

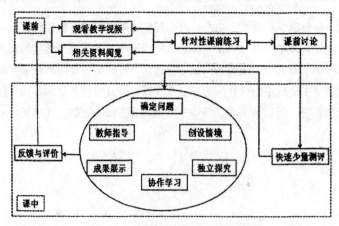

图 3-7 初中生物翻转课堂教学模式图

（1）课前模块设计

①浏览教学视频

在课外，即翻转课堂的课前阶段，学生通过浏览教学视频，学习新的知识，完成新知识的传授阶段。教师可以亲自录制视频，或者小组合作录制。在线学习日益发展的今天，目前开放的优质教学视频资源越来越多。为了节省人力和财力资源，教师也可对网络资源进行整理再使用。

a. 教学视频的制作

教师基于特定的教学目标，根据学生的实际情况，亲自录制教学视频，能够使得教学视频与教材内容与教学目标相匹配。同时教学视频的讲授方式、讲授内容以及讲授情境等都可以由授课小组亲自选定，这与网上公开优质资源不同，符合学生需求以及学校教材的限定。但以上特点也表明，录制教学视频需要教师拥有充足的时间和相应的技术，这对于授课教师来说，具有一定挑战性。教师在制作教学视频时需要注意以下几个方面：

首先，教学视频要保持短小精悍，方便观看和下载。教学视频一般应保持在 5-9 分钟左右，最长不宜超过 10 分钟，这符合人们的视觉规律和中小学生的认知特点。此外，问卷调查结果表明，学生课外时间不够紧凑，比较分散。短小的视频方便学生充分利用零碎时间进行观看，从而能够在课下学习新知识，还可以达到已学知识点的复习与回顾。此外，经学生反应，我国免费网络覆盖率不足，学生可以使用的流量有限，视频太大不易下载，学生使用的设备存储量也受到一定限制

其次，教学视频的主题要明确，情境应真实。教师在设计和制作教学视频时应注意主题的明确性，这有助于学生在短时间内了解学习内容，掌握视频传授的知识。同时，还应保证教学视频情境的真实性。虽然讲授的知识以短小的视频方式展现给学生，初中生物学科注重培养学生的探索实践能力，且与日常生活息息相关，情境的真实性有助于引起学生的注意力，激起学生的学习激情，促进学生的进一步探究。

最后，教学视频的内容要具有多样性，界面应美观。初中生物学科不同于其他学科，不仅要培养学生的科学素养，还要引导学生勤于动手、主动参与、敢于发现问题并解决问题。教学视频的内容不应仅仅是知识点的展示，还应根据初中生物的学科特点，充分利用身边事物，丰富视频内容，包括实验的录制，大自然现象的拍摄等。此外，教学视频的视觉效果教师也应注意，例如拍摄视频时的光线、以及观看视频的界面的色彩搭配等，都会对最终的教学视频呈现效果产生影响。

b. 优质教学视频资源的选择

由于教师的时间和技术精力有限，制作新的教学视频为教师带来了挑战，网上的公开优质资源应得的充分的应用。近几年，自麻省理工学院开放课件运动以来，开放教育资源越来越多样化，且有助于学生接触到名牌大学的教师资源，另一方面，"微课运动"也在我国进行得如火如荼，不仅开展了全国微课比赛，还在各大网站上公开共享了许多优质的微视频资源，虽然内容需要进一步扩展，但已经涵盖了众多学科。教师在向学生提供开放的优质视频资源时应注意以下几个方面：

首先，视频内容应于教学内容相符合。教师可以根据教学内容和学生的学生特征，在公开的优质教学资源中，寻找合适的资源。此外，视频资源要具有权威性。教师在开放的教学资源选择时，应注意教学资源的权威性，尽量为学生推荐优质的教育资源。最后，视频应从多角度使用。开放的优质教学视频资源可以作为学生拓展知识面的有效工具，也可以成为激发学生学习兴趣，进行初步体验教学概念的工具。

在这里，本书还需要指出教师制作教学视频或者选择优质教学视频资源时，需要考虑到如何能够调动学生的参与度。这一方面可以由教师制作观看教学视频的目的、内容等做简要介绍，这有助于学生明确学习目的，而不是盲目进行教学视频的选择。

②相关资料阅览

这一模块属于观看教学视频的辅助模块。教师除了为学生提供教学视频以外，还应根据具体教学内

容，为学生提供相关资料，供学生阅览和查询。例如初中生物涉及许多实验以及与生活息息相关的内容。为了培养学生自主探究能力，提高学生的信息素养，可以为学生提供相关资料的下载方式，或者直接为学生提供相关资料，可以以文字、图片等方式呈现，作为教学视频的辅助。这一模块的内容，应由教师根据具体教学内容和学生特点进行选择开展。当然，教师在制作这一部分内容时，也应注意视觉效果，例如 word 文档的字体大小、颜色、字数等都应符合学生的阅读习惯。

此外，翻转课堂的相关调查指出，学生观看视频课程的过程中，大多是在忙于做笔记，而不是在认真听讲。针对此问题，教师可以提前将视频涉及的重点内容以及需要做笔记的内容，以文本书档的方式提前提供给学生，供他们阅览和下载。这有助于学生集中精力观看视频内容。

③针对性课前练习

在这一模块，教师提前设计针对性课前练习题。学生观看完教学视频，并选择性阅览相关资料后，为了检验新知识的学习效果，并进行新知识的应用和巩固，将进行这一模块的针对性课前练习题。从模式图可以看出，这一模块与观看教学视频模块和相关资料模块，是可以往返进行的。当学生做针对性课前练习时，如果发现自己掌握得不好，或者某个知识点未注意到，应该返回再次观看教学视频，或者阅览相关资料，这需要教师在翻转课堂教学进行时为学生进行初步指导。教师进行针对性课前练习的设计时应注意以下几个问题：

一方面，这些练习应该是与教学视频所讲授的知识点相对应的。学生观看完教学视频后，需要对新接触到的知识点进行强化和巩固，同时也可能会产生一定疑问，教师应该设计与这些知识点相对应的练习题，供学生练习，而不是提供与此不相关的练习题。

另一方面，练习题的数量以及难易程度应该合理。教师根据学生的学习特征以及学习时间，进行适量练习题的设计，还需根据"最近发展区理论"，设计适量难度的练习题，教师应明确，此模块的目的是帮助学生利用原有知识，向新知识的过渡，实现新知识的巩固和加强，并发现学生疑难之处。

④课前讨论

学生观看教师提供的教学视频，阅览相关资料，并完成初步的针对性课前练习之后，会产生疑问知识点。由于每节课的时长有限，如果学生现场提出疑问知识点，以及想要深入探究的知识点，会产生以下两种问题：一方面，初中每班学生人数至少在 30 人以上，学生的初始能力不同，疑问知识点的难度存在一定差异，需要拓展的知识也不相同；另一方面，每节课时长平均 45 分钟，时间有限，教师没有充分的时间针对学生的疑问点设计合理的教学策略。

针对上述问题，本书在课前设计时创建课前讨论模块。在该模块，学生针对自己的疑难问题，与同学进行讨论，提出自己的疑问知识点，同学之间还可以进行答疑和讲解，而教师则以非参与方式参加。我们通过模式图可以发现，学生可以从这一模块返回到之前的模块。因为讨论过后，一些知识点学生可能会从疑问到确定，再次练习和知识阅览后，疑问的知识点可能会再次发生变化。

基于先前的问卷发现，中学生使用较多的实时交流工具有 QQ 和微信。这两款实时交流工具不仅可以进行文字和图片的实时传输，还支持语音和视频聊天，此外，能够实现文件的离线和在线传输。当然，QQ 自带的工具也方便使用，如图片加工工具和截屏功能等。这均有助于学生的实时交流和讨论。又初中生物课程内许多知识都需要具体的图片展示，如物种分类、细胞结构图等。这些工具刚好可以支持以上知识的传输和展示。教师可以根据学生对交流工具的使用情况，选择适当的工具，建立讨论群，并通过非参与方式观看学生的讨论记录，并总结分析学生的疑问知识点，且根据以往教学经验和教学内容，初步总结出一些有进一步探究价值的问题，提前设计一定的教学活动。

（2）课中模块设计

课前进行知识的传授是翻转课堂的创新之处，但课堂过程中的知识内化仍是关键。在课前，学生观看教师提供的教学视频，阅览相关资料，并完成初步的课前练习后，学生会产生疑问知识点，并在讨论区进行讨论，教师则以非参与式观察的形式，初步总结学生的疑问点，为课中活动的设计奠定基础。建构主义理论指出，"知识的获得是学习者在一定情境下通过人际协作活动实现意义建构的过程。"基于这一理论，教师应重视学习者与自己的角色分配，在整个过程中，学习者是主体，当然，自己的辅助作用也不能忽视。教师在设计课堂活动时，还应充分利用真实情景等要素，促进学生的参与，实现学生对当前所学知识的内化，并激发学生对拓展知识和下节课学习内容的探究热情。下面对课中环节的各模块进行详细介绍。

①快速少量测评

教师通过观看学生的课前讨论内容，初步总结学生的疑问知识点，针对疑问知识点的内容和类型，结合以往教学经验，设计少量测评题目。在这一模块，教师对学生进行快速的少量测评，通过学生的表现，确定学生疑问知识点同时，在这一模块，教师也可以组织学生发言，提出自己尚未涉及的问题。

②问题的确定与解决

这一环节主要包括确定问题、创设情境、独立探究、协作学习、成果展示和教师指导六个小模块。通过模式图我们可以看出，基于"肯普教学模式"的设计方式，本书创建的这一阶段模式图中，没有采用直线和箭头这种线性方式将各个模块进行连接，而是采用环形方式表示各个模块。这表明，本阶段是灵活的，而不应是固定不变的，教师应该根据实际教学内容，和值得探究的问题的属性，调整各个模块的位置和顺序。

a. 确定问题

在课前学习阶段，教师通过非参与方式观看学生的讨论内容，并开展分析，总结学生的疑问知识点，针对疑问知识点的内容和类型，结合以往教学经验，准备上课教学活动。课堂上，学生提出疑问，教师结合课前总结的疑问知识点，总结出主要疑问知识点，确定问题。此处需要表明，确定问题也可能是在学生进行成果展示或者教师指导之后。

b. 创设情境

建构主义认为，在与生活有实际联系的真实情境下进行学习，有助于学习者利用已有的有关经验去学习新的知识。此外，生物学科注重培养学生的探索能力和发现能力，教师应创设与现实生活相关联的实际情境，激发学生开展深入探究的动机。初中生物强调从学生身边熟悉的事物出发，激发学生的兴趣，要围绕各领域的具体目标和情境设计各种形式的探究活动。教师进行情境创设时应考虑到以上特点。

c. 独立探究与协作学习

问卷调查的结果表明，传统课堂教学中，教师的知识讲授和讲解占大部分时间，而课下学生需要做大量的重复性作业，学生没有独立探究和协作学习的机会，这与生物学科培养学生探究能力，实验能力以及培养学生收集、处理和利用信息的能力相违背，使得学生丧失学习兴趣。本书创建的教学模式中，教师应为学生提供独立探究的机会，因为初中学生已经具备了独立探索和解决问题的能力。此外，教师还应将班级学生分成小组，小组规模以及人员分配教师应该根据班级具体情况，以及需要解决的教学问题，进行灵活的划分。初中生物教学强调学生主动参与，注重培养学社交流与合作的能力和实验操作能力。开展独立研究与协作学习相结合的方式，与生物学科特点相结合。教师需注意，在进行这两模块开展时，教师应根据实际情况进行，顺序可以更改。

d. 成果展示

在进行小组协作学习和个人独立探究之后，小组成员或者个人到台前进行成果展示。成果展示的过程不仅是学生小组之间交流的过程，同时也可以让学生在自我表达展示的过程中，实现知识从外化到内化的更深一层次转变。这里需要指出，小组成员进行成果展示时，应注意不应该每次都是同一个学生，应鼓励学生踊跃参与，争取在多次上课的过程中每个学生都有机会。此外，成果展示也有可能在快速少量测评完成后进行，其位置不是固定的。

e. 教师指导

在这一模块，教师根据学生存在的问题，以及小组协作后存在的问题，提供一些指导和帮助，以促进问题的解决，并辅助学生对问题的进一步探究。教师应注意学生的主体性，应从辅助的角度入手。

最后，在此我们需要强调的是，各个模块的顺序不是固定的，教师可以根据课堂实际情况，进行顺序的调整。例如，通过快速少量测评后，一方面可以直接确定问题，然后开展其他模块以解决问题，但另一方面，可能会存在一些需要教师进行指导就可快速解决的问题，这样教师在快速少量测评之后可进入教师指导模块，经过指导模块后，确定最终值得进一步探究的问题，通过创设情境、独立探究等，最终解决问题。当然，此阶段的每一模块都是可以根据实际需求进行调整的，同时每一个模块也不是必不可少的，教师可以根据实际需要，结合特定教学内容，进行各个模块的删减。

③反馈与评价

在这一模块，不同于传统课堂的反馈与评价环节，不仅是教师根据学生的表现和疑问给予学生反馈，学生对于教师的教学行为、教学视频制作以及相关学习资料的提供等也要进行反馈，这符合学生是主体的要求。在评价环节，教师不仅对学生的学习行为、整个学习过程进行评价，形成性评价与总结性评价相结合，还要对自己本身进行评价。教师总结并分析反馈与评价的结果，并作为教学经验，直接影响到下一轮的翻转课堂教学的开展。

综上所述，本书创建的初中生物翻转课堂教学模式是可循环的，上一轮的反馈和评价结果将直接影响到下一轮教学的开展。

二、翻转课堂教学模式的教学策略

教学策略有狭义和广义之分。其中，狭义的教学策略指教的策略。广义的教学策略包括教的策略和学的策略。本书中所指的教学策略，指的是狭义的教学策略。教学模式具有直观性、完整性以及稳定性。确定教学模式以后，为了促进教学模式的实现，具体的可操作化教学策略是必不可少的。教学策略的制定是为了适应学生学习需要和特定的教学情境，促进教学目标的完成。在制定教学策略时，要根据具体问题，参照相应的教学模式，并随着具体教学情境的变化，设计和调整合适的教学策略，以实现对应的教学目标，完成相应的教学任务。

根据翻转课堂的内涵与特点，针对创建的初中生物翻转课堂教学模式，结合初中生物的学科特点以及我国初中生物课堂的实际教学情况，本书基于认知主义学习理论、混合主义学习理论、建构主义学习理论，本书以教师的视角出发，从内容陈述、协作学习和学习评价三个维度提出了一些可操作性教学策略，以助于上述初中生物课堂教学模式的实现。

（1）内容陈述策略

陈述策略的确定指选定一种恰当的教学媒介，以适宜的方式将教学内容传递给学生，以获取最优的教学效果。相比于传统课堂教学模式，翻转课堂教学模式的知识传授放在了课前，本书创建的教学模式中，学生主要通过观看教学视频、阅览相关资料以及做针对性课前练习的方式进行。课中一切学习活动顺利开展的前提，是学生进行了课前的知识获取环节，因此教师选择恰当的教学媒介，实现知识的传授是至关重要的。

一方面，虽然翻转课堂的知识传授部分主要由学生观看视频的方式完成，但教师应该根据教学目标的限定，教学内容的特定以及学习时间的长短等，选择合适的媒介，包括图片、文字和音频资料等，而不仅仅是录制视频或者提供视频资源。此外，教师也应该根据知识点的特点，选择适当的针对性课前练习题形式，包括选择题、填空题、判断正误以及简答题。题目的数量也应根据学习者特征以及学习时间的长短进行一定限定。

另一方面，选定媒介以后，细节方面也应注意。具体包括以下几点：教学视频的长度应该在十分钟以内，教学视频应于教学内容和教学目标相符合；优质开放教学资源应具有权威性，内容应该根据教学目标进行筛选；以文字方式呈现的资料应该确保界面的美观，适合初中生的欣赏需求以及初中生物学科的特点等。

（2）协作学习策略

相比于传统的教学模式，翻转课堂教学模式的创新点在于知识传授和知识内化的颠倒，将知识内化的过程放在了课堂教学活动中。翻转课堂教学模式更强调学生的主体性，课堂教学活动中注重学生协作学习能力的培养，同时注重学习情境的构建，以促进学生对探究疑难知识点的进一步探究。

为了实现协作学习，培养学生在生物课堂中的合作能力，一方面，教师应根据班级学生的实际情况，包括人数、成绩差异等，结合教学目标和内容，提前将学生分配成合适数量的小组，以节省上课的时间，并能达到较好的效果。当然，这对于教师的要求较高。小组之间可以采用竞争、比赛与合作的方式等，已达到最终目标，小组内部人员则可以通过角色扮演、伙伴以及问题解决的方式完成最终任务。

另一方面，协作学习包括协作学习环境这一元素。为了激发学生协作学习的热情，提供特定的协作学习情境是不可或缺的，教师应该根据每节课的教学内容，提前设计好几种学习情境，以供上课时选择，应对课中时间短这一问题。此外，小组人员以及小组之间进行探究合作时，丰富的学习资料是基础，教师应该提前准备好相应的资料，以促进小组成员新的意义建构。

（3）学习评价策略

本书创建的翻转课堂教学模式，其评价应贯穿于整个教学过程，包括课前和课中两个大模块，即形成性评价和总结性评价共同进行评价。

首先，在课前阶段，教师设计的针对性课前练习题，学生的练习结果应该能够提交，其提交数据教师应该能够收集到，并及时进行分析和评价。此外，在课前阶段的讨论模块，教师应该以非参与的方式了解学生的讨论内容，非参与式保证了教师的时间，而实时的社交工具又具有保持聊天记录的功能，因此教师可以通过此方式预先了解学生的学习效果，为课中学习活动的设计奠定基础。

另外，在课中阶段，教师对于快速少量测试模块，应该能够通过学生的表现，确定值得进一步探究的问题所在。当然，课中解决问题的整个环节中，教师应该通过观察和记录学生的表现，包括成果展示、小组讨论内容等，评价课堂的教学效果。最后进行总结性评价，为下一轮翻转课堂教学的展开提供依据。

第三节　翻转课堂教学模式的实践分析

教育行动研究主要解决教育问题，改善教学实践。西北师范大学的赵明仁和王嘉毅根据行动者在教育行动研究中自主性的获得程度，将教育行动研究分为技术的、慎思的和解放的行动研究。本书属于慎思的行动研究，通过行动者的对实践情况的深入反思，以获得实践情况的理解，随后对其进行改造。

（一）初中生物翻转课堂教学模式的方案设计

本书是通过对初中生物进行翻转课堂，将教学模式和教学策略进行改进。并在教学实践中进行应用，在实际应用中探究。采用行动研究的方法，通过两轮的设计—行动—观察—反思的循环往复，验证翻转课堂教学模式的有效性和合理性。具体实施步骤如下：

1. 初步计划

本书采用两次行动，每次具体的实施步骤如下。

教师工作：教师需在课前将学生需要观看的学习视频准备好，可以选择自主制作或是在网络上下载，还需提供其他学习资源，如文本、图片等；教师还要准备好相应的练习题供学生练习；教师在提供这些基本教学资源的基础上还要对课堂中可能出现的问题有所预设，以防突发情况导致课堂不可控造成时间的浪费；在行动研究过程中，教师应掌控全局并对教学情况仔细观察，及时调整。

学生工作：学生需在课前将老师布置的任务全部完成，观看教学视频、阅读学习材料、完成练习题、如若有问题还要在平台上进行互动讨论。

2. 时间安排

根据实际情况和可行性对翻转课堂的实施做出了以下安排，如表 3-2 所示

表 3-2 行动研究时间安排情况

行动研究	研究对象	研究内容	研究时间	研究目的
第一次行动研究	深圳某中学学生	《人的生殖》	2016.10.8-2016.10.16	首次在生物课堂上尝试翻转课堂教学模式，并发现问题
第二次行动研究	深圳某中学学生	《计划生育》	2016.10.20-2016.10.27	解决第一次行动研究中的问题，对教学模式进行改进，并对效果进行评价。

（二）初中生物翻转课堂教学模式的第一次行动

1. 设计

在进行翻转课堂教学前，应将教学设计撰写完毕，并将课前和课中的教学资源准备充分，如教学视频、文本、课件、图片、练习题等。针对《人的生殖》这节课所需要准备的材料有：

教学设计（见附录 3-2）："人的生殖"是通过学习人的由来之后的第二节，主要讲解了人的形成，这部分内容与人类的生存和延续有着密切的关系。本节的中心内容有两个：（1）生殖系统的结构和功能（2）受精和胚胎发育过程。

练习题（见附录 3-3）：根据本节课的重难点内容设计出一系列练习题，供学生在课前使用，对自学成果进行测试。

测评卡（见附录 3-4 四）：教师在对学生在互动平台上的讨论情况进行总结，对大多数学生所共有的问题进行汇总，形成测试卡，在课中时使用，并集中进行讲解。

在所有资源全部准备齐全后，下一步是对课堂教学的总体设计，具体步骤如下表 3-3：

表 3-3 教学过程设计

教学过程设计	
教师工作	教师应准备的材料有：《人的生殖》的学习视频、文本资源、ppt、练习题和测试卡。
课前学习	教师将课前学习材料发放给学生，学生在家中进行自主学习，发现问题时可以在 qq 互动平台上与老师和同学讨论。
课中学习	学生完成教师设计的测评卡，随后学生以小组形式分别汇报学习情况和问题，学生可以通过小组讨论、向教师求助等方式解决问题。最后小组代表汇报该小组的学习成果。

2. 行动

根据事先设计的翻转课堂模式，在课堂中应用。教师在课前将学习材料发放给学生，并反复强调材料的重要性，并与课前检测学生的完成情况；在课中教师从旁观察学生的学习情况，并及时提供帮助。

3.观察

本阶段分别对课前学习和课中学习进行观察，课前学习是观察学生独立学习的情况，练习题的完成情况和自学过程中发现的问题。课中学习是观察小组讨论情况，学生是否积极参与其中并主动表达，教师在课堂教学过程中是否起到协助者的作用，准确把控课堂的进度并维持秩序，对于学生的疑问教师能否恰当的解决和处理。

通过几天的仔细观察，发现如下问题：

（1）课前学习：学生并为完成全部学习任务；练习题的完成情况较差，准确率较低；在互动平台中的讨论情况较差，参与度不高。

（2）课中学习：在课堂讨论环节，学生的参与度不高，小组代表发言时几乎每次都是话语中心者回答，其他同学不是很积极；教师在课堂组织方面表现的手忙脚乱，整个课堂显得没有秩序。

4.反思

针对本次行动研究中出现的问题，出了如下思考：

（1）对于学生学习任务情况完成不好这个问题，主要原因是学生并未将全部教学资源阅读，导致学生拒绝学习完整教学资源的原因可能是教师准备的教学材料过多，学生每天的课业压力过大，学习科目过多，并没有很多时间学习生物这门科目，以至于学生的学习任务完成度不高。

（2）学生在没有完全掌握知识内容时，练习题的完成一定不好，准确率也会降低。通过对学生的调查，本书还发现大部分的学生反映练习题量过大，在有限的时间内很难完成这么多的任务。

（3）在小组讨论时有部分学生并没有参与到讨论中，而是说闲话，他们过于依赖其他人，并没有将自己作为小组的中心，导致这种问题的原因是小组内分工不明确，有的学生承担大量工作，有些学生则太过清闲。

（4）教师不能很好地控制课堂的主要原因是教师的备课不足，对课堂可能发生的情况和学生可能提出的问题没有良好的预期，还可能是教师在多年传统教学模式的影响下，一时还无法适应翻转课堂的教学模式。

为更好地在教学中应用翻转课堂教学模式，对其做出了改进。首先是对教学资源的数量进行缩减，选择更具有针对性的内容，注重质而不是量，让学生在有限的时间内完成高效的学习。第二是对练习题数量的改变，由于学生反映课前的压力太大，因此对习题的数量有所缩减，选择更典型的题型。第三是将学生的任务分配更明确，增设任务单，让学生每次完成讨论后，填写每位同学的具体任务。最后是教师应该更充分的备课，对可能发生的情况有所预期。

（三）初中生物翻转课堂教学模式的第二次行动

根据第一次行动的观察和反思，第二次行动研究主要解决的问题有，如何提高学生的学习效率；如何让学生积极地参与课题讨论；教师如何能更好地控制课堂。

针对第一次行动研究发现的问题，这一次将学习材料有所减少，只提供微视频、ppt和习题，习题的数量也有所减少，如下是详细内容：

教学设计（见附录3-5）：在市里家庭中，独生子女率几乎达到100%，对于国家实行计划生育的政策，有些学生能说出自己的想法，因此，本节课中应让学生自行统计和分析计划生育相关的数据及内容，并共同参与有关的探究活动，更进一步了解对实行计划生育的重要性与必要性有进一步的了解。

练习题（见附录3-6）：由于第一次行动研究后普遍学生反映习题量过大，因此这一次的习题编制更有侧重点，选择比较典型的习题。

测评卡（见附录3-7）：在课堂的开始使用，检测学生课前的学习情况。

任务单：在学生没完成一次小组讨论或协作学习后，每名学生都将自己参与的工作或提出的观点填写上。

以下是对本轮教学过程的设计（表3-4）

表3-4　任务单

（　）小组

姓名	参与任务

表3-5　教学过程设计

教学过程设计

教师工作	教师应准备的材料有：《计划生育》的学习视频、ppt、练习题和测试卡。
课前学习	教师将课前学习材料发放给学生，学生在家中进行自主学习，发现问题时可以在qq互动平台上与老师和同学讨论。
课中学习	教师将测试卡和任务单发给学生，学生完成教师设计的测评卡，随后学生以小组形式分别汇报学习情况和问题，学生可以通过小组讨论、像教师求助等方式解决问题。最后每位学生填写任务单，小组代表汇报该小组的学习成果。

2. 行动

根据第一次行动研究的反思，对本次研究进行的修正，每节课前将微视频、ppt和练习题发送给学生，课中学生需先完成测试题，随后根据各自小组的问题展开讨论，学生还需填写任务单，最后教师集中对问题进行讲解。

3. 观察

经过一周的观察，学生的课前学习情况有所提高，在缩减学习任务的情况下，学生普遍可以阅读完学习材料；练习题的完成度和准确度也都有提高；此处明显比第一次行动研究有所进步。在课中阶段，由于有任务单的督促，学生基本可以积极地投入到课堂讨论中，但还是有少数同学"浑水摸鱼"；教师的表现较之前也有了提高，由于备课的更加充分，课堂的把控也更好，对于学生的问题教师能够适度的指导和点评。总体来说，无论是学车的学习态度还是教师的教学效果，较之前相比都有明显的变化，但仍存在部分同学不积极、懒散的现象。

4. 反思

经过两轮的行动研究，学生和教师在某些方法都有所提高，由此可见第一轮的反思卓有成效。学生基本可以在课前完成学习任务，练习题的完成质量也较高，这可能是由于对课前任务量有所缩减的原因；在课中，因有任务单记录的压力，大部分的学生都能参与到课堂的讨论并将自己参与的部分填写在任务单上，教师的控制能力较强，对于很多学生提出的问题能快速准确的做出反应，这可能是因为教师备课较为充分，而且在一段时间的磨炼教师的应变能力也逐渐增强。

虽然在很多方面都见到成效，但仍存在一些问题，如仍有部分学生没有跟上学习进度，无法及时完成作业；还有一些学生在课堂表现不佳，对课堂讨论并不热情，和同学与教师的交流过少。

（四）初中生物翻转课堂教学模式的问卷设计与实施

经过两轮的翻转课堂教学实验后，为了了解学生对翻转课堂教学模式的态度和适应情况，从而对翻转课堂教学实验进行客观的反思，并为后续翻转课堂实验提供改进策略。本书设计了一份《初中生物翻转课堂教学效果调查问卷》（附录3-8），问卷中包含三部分内容：（1）学生课前学习情况；（2）学生课堂学习情况；（3）学生对翻转课堂教学模式的总体态度。

以参加翻转课堂教学实验的初一年级学生为调查对象，共发放问卷158份，回收158份，经过整理后得到有效问卷150份。

（1）学生课前学习情况调查

在课前学习任务方面，73%的学生认为教师布置的课前学习任务合适，18%的学生认为课前学习任务偏多，而9%的学生认为课前学习任务偏少。此外，82%的学生感觉课前学习视频的长度合适，10%的学生认为视频内容偏长，而8%的学生认为视频内容偏短。总的来说，教师对课前学习任务的安排比较合理，符合大部分学生的学习需求。但是，仍然有少量学生认为教师布置的任务偏多或偏少，视频内容偏长或偏短，这与学生原有的认知水平和学习能力有关，学生并非处于同一起跑线上，为了做到因材施教，使每一位学生跟上教学进度，教师可以教学内容的设计上，拓展一些内容知识，或增加一些思考题，让学生根据自己的实际情况进行相关内容的学习。图3-8、图3-9分别为课前学习任务、课前学习视频长度情况统计数据。

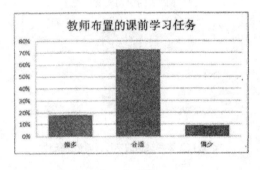

图 3-8 课前学习任务多少情况统计

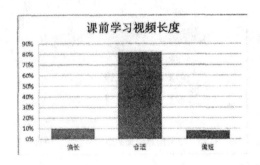

图 3-9 课前学习视频长度情况统计

在教学平台使用方面，如图3-10所示，83.8%的同学认为利用QQ群进行课前内容的学习比较方便，容易操作，但6.2%的同学认为QQ群不容易操作，主要原因是一个群中人数较多，一个学生的问题讨论还没完成，另一个学生问题又出现。经过摸索后，此现象已经得到了改善。总的来说，利用QQ群作为教学平台简单、方便，比较受学生欢迎。

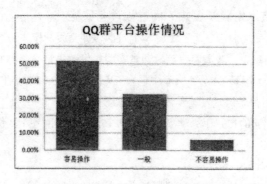

图 3-10 学生利用 QQ 群平台的操作情况

在学习资源方面（如图 3-11 所示），85% 的同都认为教师提供的学习资源合适，6.8% 的学生认为学习资源偏多，而 8.2% 的学生认为学习资源偏少，这一差异也跟学生的认知水平和学习能力有关，对于学习能力强，知识接受快的学生而言，可能对课前学习资源有更高的需求。接下来，在对学习资源需求的调查中发现（如图 3-12 所示），38% 的学生希望教师能在课前学习资源中添加案例，32% 的学生希望添加一些 PPT 课件，30% 的学生则希望教师能够添加一些游戏类的习题，使他们既能娱乐，又能学到知识。所以，在学习资源方面，教师应该从学生需求的角度，给学生多提供 PPT 课件、案例、游戏类习题等。

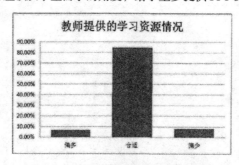

图 3-11 教师提供的学习资源情况统计

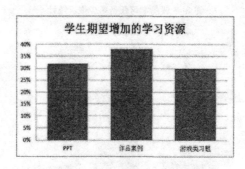

图 3-12 学习期望增加的学习资源情况统计

（2）课上学生学习情况调查

在协作学习方面，如图 3-13 所示，74.8% 的同学表示很满意在课上进行小组协作学习，他们认为小组之间协作学习，有利于拓展自己的思路，加深对知识的理解，对自己的学习非常有帮助。但是，12.5% 的学生并不满意小组协作学习的方式，经过进一步调查发现，这部分学生仍然期待传统的课堂教学。

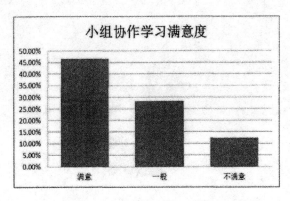

图 3-13 学生对小组协作学习满意程度统计

在师生互动交流方面，师生互动交流是学生参与课堂学习的直观表现，图 3-14 调查结果表明，84.6% 的学生能够积极参与到师生互动、课堂讨论中，但 15.4% 的学生基本不参与课堂互动，通过与部分学生的交流发现，原因有两点：一部分学生性格内容，比较害羞，不敢将自己的想法表现出来，不好意思举手发言，或者参与课堂互动；还有一部分学生认为教师提出的问题不能吸引自己，也不知道如何思考，如何回答。由此可以看出，教师要时刻关注学生心理上的变化，不断鼓励学生大胆发言，勇敢说出自己的想法。此外，教师也要注意互动时内容的设计，能够引导学生逐步思考，尽量使每一位学生都能跟上教学节奏。总的来说，在翻转课件教学模式中，大部分学生都适应了这种新型学习方式，并获得了良好的反响，这也在一定程度上说明了翻转课堂教学实验的成功。

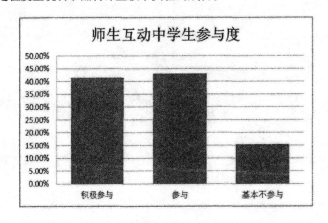

图 3-14 师生活动中学生的参与程度统计

在答疑与指导方面，在前测问卷中得知学生在课堂上产生的疑问，很少有教师能及时为学生解答，这也造成了学生的困惑和问题的积压，降低了学生对生物学科学习的积极性。经过翻转课堂教学实验后，79.4% 的学生表示教师能够及时对学生进行答疑解难，此外，58% 的学生在遇到问题时会重新观看课前教学视频，试图自己解答问题，45% 的学生会与同学进行交流讨论，或者向老师请教。总的来说，翻转课堂教学模式相比传统课堂，为学生提供了各种各样的学习方式，从而有效培养了学生解决问题、协作学习的能力。

（3）学生对翻转课堂教学模式总体情况调查

对于使用翻转课堂教学模式方面，如图 3-15 所示，表示"喜欢"的学生占 73%，18% 的学生对翻转课堂教学模式的感觉一般，此外，仍然有 8% 的学生表示不喜欢翻转课堂教学模式。总的来说，翻转课堂教学模式受到大部分学生的欢迎，证明这种模式的开展具有一定的意义。

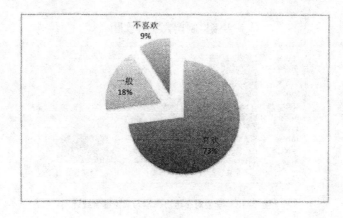

图 3-15 学生对翻转课堂教学模式的态度

在学习效率方面，如图 3-16、图 3-17 调查结果表明，83% 的学生认为翻转课堂能够提高学习效率，17% 的学生认为翻转课堂不能提高教学效率。而且，85% 的学生认为翻转课堂教学模式有利于培养自主学习、自主探究、协作学习的能力。这足以说明，翻转课堂教学模式不仅仅能够提高学习效率，而且有利于学生综合能力的提高。

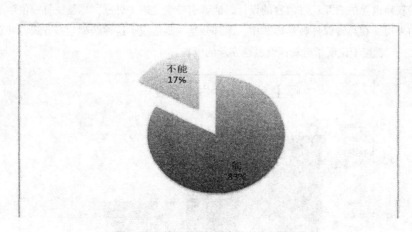

图 3-16 翻转课堂能够提高学习效率情况统计

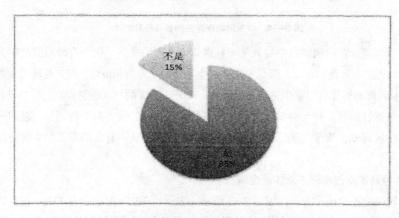

图 3-17 翻转课堂提供学生能力情况调查

96.8% 的学生都愿意继续使用翻转课堂教学模式，这足以说明翻转课堂教学模式受到了学生的欢迎，以为后续翻转课堂教学的开展打下了坚实的基础。

翻转课堂教学模式采用全新的教学方式、多元教学方法、多类教学资源、多种教学活动，充分发挥以学生为中心的主体性，课堂上积极记性师生互动，因材施教，促进学生知识的学习，努力提高每名学生的能力和素养，具有进一步推广的价值与意义。

（五）有效的翻转课堂模式对教师提出的新要求

在 21 世纪，日新月异的信息技术走进了我们的现实课堂，对于一部分教学内容来说，传统的课堂教学模式已经不能适应当今学生的需求。翻转课堂作为一种的新的教学模式，适应了数字化时代的需求，符合当今社会人才培养标准，与此同时，有效的翻转课堂教学模式，对教师提出了新的要求与挑战。

1. 转变教学理念

开展翻转课堂教学，首先教师应该转变其教学理念。教师应把握住翻转课堂的内涵，而不仅仅是课前观看教学视频，而课上仍然进行传统课堂的教学。翻转课堂教学模式翻转了传统课堂知识传授与知识内化，学生在课前自主学习新知识，课中则通过一系列教学活动的展开实现知识的内化与提升。教师应真正把握翻转课堂教学理念，真正实现课堂以学生为主体的教学活动，而不仅仅是形式上开展翻转课堂。

2. 提高自身信息素养

翻转课堂教学模式的有效应用，离不开信息化资源的提供。教师不仅要在课前为学生提供传授新知识的教学视频，为了培养学生探究学习以及搜索信息和处理信息的能力，还要为学生推荐优质的公开教学资源，以及相关的教学资料。为了实现以上各模块，教师应提高自身信息素养，设计和制作教学微视频，并为学生筛选无用信息，向学生推荐权威教学资源所在网站，并提供相关教学资料，包括 word 文档等多种格式，为学生课前与课中整个教学环节的独立探究与协作学习创造条件。在不仅要求老师掌握必要的视频拍摄、录制、剪辑技术，而且还要求教师具备信息检索和信息筛选能力。为此，教师应提高自身信息素养，以更好的实现翻转课堂教学模式。

3. 强化教学设计能力

在翻转课堂教学模式中，虽然知识传授与知识内化的方式发生了改变，但教学设计能力仍然是翻转课堂教学模式有效应用必不可少的，而且相对于传统课堂教学模式，对教师的要求更高。教师不仅要在课堂教学中根据具体教学内容和教学目标，设计能激发学生深入探究和协作学习的教学活动，创建一定学习情境，还要具备较高的教学内容总结提炼能力。不同于传统课堂，翻转课堂教学模式的课堂环节，需要不断地发现问题和解决问题，激发学生的学习兴趣，启发学生的互动能力，这需要教师具备更强的教学设计能力，随时进行教学内容的总结与提炼，设计教学活动，并实现教学评价。此外，课前实现新知识传授的教学视频，也需要教师根据具体教学内容，结合学习者特点，进行教学设计。综上所述，教师需要增强自身教学设计能力，以适应翻转课堂教学模式带来的挑战。

第四章 PBL教学模式的设计与实践

第一节 PBL教学模式概述

一、PBL含义

PBL即Problem-Based Learning，翻译成汉语的意思有很多种，如基于问题学习、问题导向学习、以问题为基础的学习、以问题为中心的学习、以问题解决为导向的学习和问题式学习等等。那么什么是PBL?什么是Problem?《语言大典》中problem是指复杂的、没有明确答案的难题。problem是事故、是议题，是要解决的难题；problem是一种情境（ingredients）。《新华词典》中对"问题"有如下解释（1）需要解决的矛盾；（2）要求回答或解释的题目；（3）事故、毛病、困难。《教育大辞典》中解释，问题是泛指机体不能利用现成反映予以应答的刺激情境。本书认为把PBL中的problem译为一种情境，更加贴近problem在PBL中的本质含义。在这种情境中，运用现成的已有的知识将无法达到既定的目标，需要在这种情境中不断努力学习，不断摸索才能达到预期的目的。为了避免概念使用和理解的混乱，在这里本书建议将其译为基于问题学习或问题导向学习等术语。

时至今日，有关基于问题学习的概念，学术界还没有达成统一认识。基于学者们的长期研究，主要有以下几种代表性的定义：

创始人巴罗斯教授人认为："PBL既是一种课程又是一种学习方法，因为它最早是以课程的形式出现在教育领域，之后又以一种学习方法进入到其他各个领域。作为课程，它是由认真选择和精心设计的问题构成，而在解决这些问题的过程中能够帮助学习者获取批判性的知识，培养学习者熟练解决问题的能力，自主学习策略，以及掌握小组合作参与的技能；作为一种学习方式，是指学习者普遍使用系统的方法去解决问题以及处理在生活和工作中遇到的难题。"后期又有人认为PBL是一种教学策略（instructional strategy），例如美国的Mayo和Donnelly等人认为："基于问题学习是一种教学策略，通过创设真实的、有意义的、情境化的问题情境，为学生提供相关的资源，给与适当的引导或指导，从而使学生获得大量的知识或掌握解决问题的技能。"美国斯坦福大学PBL研究中心同样也认为，PBL是一种促进学生发展批判性思维和解决问题的能力，从而有助于解决学生在实际生活中遇到的问题的教学策略。还有人认为PBL是一种教学模式，指的是通过设置一定的真实的问题情境，提供适当的引导，给予搜集相关资料的途径，让学习者在问题情境中探索解决问题的方法，从而培养问题解决的技能，发展问题解决的策略，提高学生学科知识的一种教学模式。

综上所述，不同学者对的概念进行了多角度的研究与分析，从内容和形式上来说都各有特色。但大多数人把PBL看成是一种教学模式："以问题为学习的起点，以自主学习和小组合作为主要学习形式，在教师的引导下，围绕问题的解决而展开的，旨在使学生灵活掌握学科基础知识，发展思维能力以及自主学习、合作和解决实际问题的能力的一种学习方法"。

二、PBL 模式中遵循的教学原则

1. 教师的主导作用与学生主体作用相结合的原则

新课程改革中不断地强调学生的主体性，但并不代表教师在教学过程中的作用可以忽视，也就是说，教师的作用依然很重要。在 PBL 教学模式中教师由拥有知识的权威者转变为了引导者和促进者，在学习过程给学生指出明确的方向是非常重要的。同时也要强调每位同学都要积极参与，保证每位同学的主体地位可以得到落实。

2. 启发性原则

在中国古代最早的一篇教育论著《学记》中提到，教育要遵循启发诱导原则在《学记》中有这样的记载："君子之教，喻也，道而弗牵，强而弗抑，开而弗达。道而弗牵则和，强而弗抑则易，开而弗达则思。和、易、以思，可谓善喻矣。"就是说，君子实施的教育在于诱导学生，靠的是引导而不是强迫服从，是勉励而不是压制，是启发而不是全部讲解。在外国教育史中也有一位教育家提到了相似的概念，就是我们熟悉的苏格拉底法，此教学方法由讥讽、助产术、归纳、下定义四部分组成。这一方法的主要特点是通过与学生的对话来获得对事物的认识，由于对话不是建立在教师对学生的强制性灌输上而是建立在教师与学生、学生与学生之间的相互讨论之上。本书中所提到的 PBL 教学模式就很好地遵循了启发性原则，让学生在问中学，问中进步，建构适合自己的知识结构体系。

第二节　PBL 教学模式下的课程设计

一、PBL 教学模式下初中生物教学的基本目标

初中生物教学的基本目标包括培养目标、教学目标、课程目标。PBL 模式下生物知识的学习是以生物问题为中心的学习，相比其他的传统型的教学方式，PBL 教学模式下学生获得的知识更加灵活，学习过程也更加开放。但 PBL 教学模式下的初中生物教学的基本目标依然是以生物学科的知识、能力、情感态度与价值观为基础的，在此基础上进行扩展，进而培养学生的综合能力，提高学生的综合素质。如图 4-1 所示。

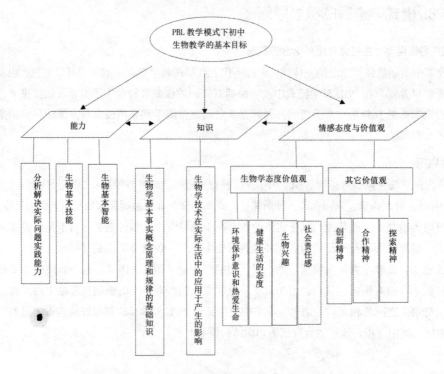

图 4-1　PBL 教学模式下初中生物教学的基本目标

（一）灵活的构建生物基础知识

学生对生物学科知识的学习，并不是要像科学家那样去发现真理和推入对生命奥秘的认知，其主要目的是完善自己头脑中在该学科领域的认知结构。在初中生物教学中运用 PBL 教学模式，可以让学生很好地掌握科学们已经整理出来的生物基本事实、概念、原理和规律的基础知识，并了解生物科学技术在生活、生产和社会发展中的应用及可能产生的影响。初中阶段的生物学教材中出现的知识，大部分属于良性结构领域的知识，具有一定的学科特点，一般与实际生活相一致。如果教师用传统的讲授法，给学生讲授知识，学生是被动的接受者，课堂中所讲知识点看似听明白了，实际发现学生只是了解了皮毛，记住了最简单、最基本的概念和原理，并没有学会如何用所学知识解决实际问题。像这样的知识是"死"知识。现代社会需要学生们学习"活"知识，也就是说，能够把所获得的知识灵活的运用到实际生活，一定程度上可以把某些知识迁移到复杂的问题中。而 PBL 教学模式中所涉及的问题是实际生活中产生的问题，具有不良结构性，问题中包含的知识可能是不系统的，需要学生调动头脑中已有的知识结合实际生活经验进行分析问题，寻找解决问题的方案，从而建构起适合自己的知识结构体系。PBL 教学模式中，最显著的一个特点就是从真实情景中提炼问题，这样可以吸引学生的注意力，激发学生的兴趣，进而会积极地投入学习中。

（二）综合培养学生的生物能力

《全日制义务教育生物课程标准》（2011 版）中提出倡导学生进行探究性学习，力图改变学生的学习方式，引导学生主动参与、乐于探究、勤于动手，逐步培养学生收集和处理科学信息的能力、获取新知识的能力。分析和解决问题的能力，以及交流与合作的能力等，突出创新精神和实践能力的培养。教师要努力引导学生从单一的、被动的、接受性学习，转变为主动探究式、发现式和体验式学习，将个体的独自学习转变为小组合作学习。PBL 教学模式中的基本目标恰好符合课标中的教学理念，即强调培养学生的获取新知识的能力、分析和解决问题的能力，让学生成为主动参与者和小组学习的合作者。PBL教学模式中，教师的角色应该由拥有知识的权威者、传授知识的讲授者、管理课堂的控制者，转变为学生学习的引导者、学生学习的促进者、交流者、组织者和协作者，让学生成为主动参与者。在实际生活中有很多与生物学有关的问题，如健康问题、食品安全问题、环境问题、生物资源问题等，要想解决这些问题就需要学生运用许多课外信息去分析、研究。在PBL教学模式中，首先，教师要创设一定的问题情境，该问题情境与实际生活紧密相关；其次，学生进行分组，小组成员分工合作，通过报纸、图书、网络、杂志、新闻等各种途径搜集信息，把搜集到的信息进行分析整理，提出解决问题的方案并验证该方案的可行性；最后，最终解决问题。此过程中教师要时刻关注每小组活动的进展情况，适时的给予引导和鼓励。PBL教学模式下开展的教学过程既可以锻炼学生的信息收集能力、解决问题的思维能力、团队合作精神，还可以拓展学生的知识面，让学生的知识不再只停留在课本中，一定程度上还可以帮助学生将所学知识进行融会贯通。

（三）形成正确的情感态度与价值观

HBL教学模式在生物学科中的应用，不仅仅是要求熟练地掌握生物学知识、生物学基本技能，最主要是让学生形成正确的人生观、价值观、世界观，培养其实践能力和创新能力。

由于生物学科与人类的生活密切相关，大到的生态环境小到生物界一个小小的细胞。现在越来越多的人容易轻生，屠杀生物、破坏环境、乱砍滥伐、过度浪费资源，这些现象与我们生物有密切的关系，因此引导学生形成正确的情感态度价值观是非常有必要的。情感态度价值观是一种内心的意识，一种意识的形成，需要学生主动去体验、去感受，也就是说，需要学生去实践。在基于问题学习的教学模式中可以得以培养。

二、PBL模式下教师和学生的角色转变

在PBL教学模式中师生关系，被赋予了不同的意义，教师不仅是拥有知识的权威者和传授者，更是学生学习过程中的促进者和引导者，学生不再是单纯意义上的学习者，而是师生教学过程中的合作伙伴，如图4-2所示。

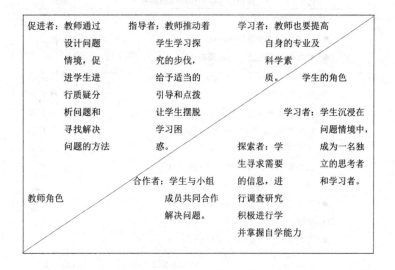

图4-2　PBL教学模式在初中生物教学中的师生角色转变

（一）学生角色

学生是教育的对象，也是教学活动的主体，整个教学过程所产生的教学效果很大程度上取决于学生的表现，教师采用何种教学方式同样也是由学生决定的。在初中生物教学中使用 PBL 教学模式最重要的一点就是使学生对自己有个转变性的认识，从被灌输者、被改造者转变为独立思考者、主动学习者、探索者和合作者。同时 HBL 教学模式对学生的要求有以下几点：首先，学生是主动的、发自内心的学习。其次，学生作为问题解决者和建构知识者，要主动地发挥自己的自主性、合作性、探究性，获得解决问题的最佳方案。再次，学生要具有团队精神。

（二）教师角色

在传统的教学模式中，教师的天职就是将大量的知识快速地传递给学生，教师作为知识的拥有者和传递者，理所当然称为是权威，在这种状态下的学生就完全被当成了一个被改造、被灌输的容器。学生的独立性、自主性完全被忽视了。PBL 教学模式的整个实施过程中最直接的参与者就是教师，该教学模式的成功与否，教师的基本素质是关键。所以，在 PBL 教学模式中首先要改变教师的角色，让教师由知识的传递者、教授者转变为学生学习的指导者和促进者。其次，教师要不断完善知识结构，努力提高自身的专业素养，特别是要钻研教材、梳理好知识结构体系，尽可能多地了解并掌握相关背景资料，最重要的是要多角度研究问题。再次，教师还应多学习有关教学方法的知识。因为在 PBL 教学模式中，要求教师设计问题、创设问题情境、为学生提供获取信息的途径和给予及时的指导。PBL 教学模式的整个教学过程都是开放的，学生自由的思考与讨论，这时就需要教师来维持好纪律，控制好课堂气氛，所以，最后要求教师还应具有管理能力。

三、PBL 教学模式在初中生物教学中的基本环节

PBL 教学模式在初中生物学课堂教学中大致分为四个阶段实施，分别是问题情境的创设、分析问题、搜集涉及该问题所需的信息以解决问题、总结反思和评价。如图 4-3 所示。

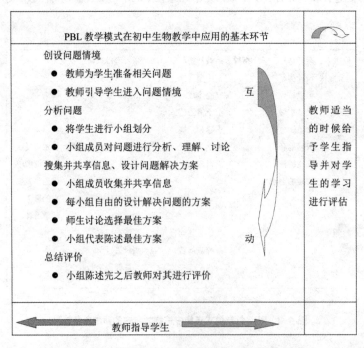

图 4-3　PBL 教学模式在初中生物教学中应用的基本环节

图 4-3 中的教学活动中所包含的各环节的顺序不是固定不变的，学生可以根据实际情况调整顺序，接下详细说明以下几个环节：

（一）创设问题情境

在初中生物教学中采用 PBL 教学模式，首先就是呈现给学生一个问题，问题的来源可以是与教材中的知识内容相关的生物学资料中直接提取，也可以是从实际的生物学问题情境中提取而来。创设问题情境时要做到以下几点：一是依据教学目标和教学内容；二是要遵循学生身心发展的规律和已有的认知水平。

（二）分析问题

本阶段是 PBL 教学模式中比较重要的一个阶段，这个阶段又包括划分小组、问题的个人理解、表征和小组内成员对问题进行初步讨论和交流。

1. 划分小组。鉴于 PBL 教学模式的特点，，教师要对实验组的学生进行学习兴趣、习惯、性格以及学习能力等各方面的调查。然后给实验组的学生进行分组，分组要遵循"组内异质，组间同质"的原则，这样可以使得各小组成员取长补短。把全班分成 7 个小组，每小组 5-6 人，每组设一名组长，负责全组的协调工作；各小组选出一名记录员，负责记录组内成员的思考过程中提出的意见和学习过程以及最终形成的成果。让小组中的每位同学感觉到自己有事可干并且有责任感。

2. 问题的个人理解、表征。首先学生对所面对的问题要仔细阅读，小组成员可以各抒己见、表达自己对该问题的理解，小组内部相互讨论。

（三）搜集并共享信息、设计解决问题的方案

该阶段在 PBL 教学模式中起着关键的作用。首先，小组内部成员通过各种渠道获取与该问题有关的信息。要求学生自己整理并分析资料，学会使用信息，加深对问题的理解。其次，小组成员相互交流、沟通和合作，这样可以帮助小组快速找到恰当合理的问题解决方案。此阶段，学生可能会存在以下问题：第一，对搜集资料的途径比陌生；第二，无法明确区分有用信息和无用信息；第三，信息与问题不能很好地相联系。这时就需要教师的指导和帮助，该过程是整个 PBL 教学模式中最花时间的一个环节，但具体所需时间的多少与问题的难易程度、学生理解问题的能力有关。因此，该环节对教师的教学技能要求比较高。

（四）总结评价

小组内部选取出最佳方案之后，学生要学会把解决方法以及采取该方法的理由清楚的表述出来，在报告结论时，可以使用不同的工具，采用不同的形式，如图表、书面形式、口头表达形式等。这样有助于提高学生的表达能力和总结能力。学生陈述完毕之后，教师要对其做出评价，评价可以从不同的方面展开，如认知结构方面、小组合作方面。

第三节 PBL 教学模式下的实践分析

一、PBL 在初中生物学实验课教学中的应用【教学案例二】

以人教版七年级生物学上册《种子植物》的第一课时实验部分为基于问题学习教学模式在生物教学中应用的案例来详细说明我们教学实施过程。

（一）教学任务

1. 教材分析

本课选自人教版《生物学》七年级上册第三单元第一章、第二节《种子植物》，本节内容主要是关于绿色植物中最高等、与人类关系最密切的种子植物，以观察种子结构的实验展开的，目的是引导学生了解并认识种子的基本结构。为学习下章内容打个良好的基础。

2. 学习者分析

本节课的授课对象是初一年级的学生，该阶段的学生对于动手实验的愿望非常强烈，有很强的求知欲，愿意主动探索未知的领域，但是独立操作能力比较弱，有待锻炼和加强。

（二）教学目标

知识目标

1. 说出种子的基本结构。

2. 描述玉米种子和菜豆种子的相同点和不同点。

能力目标

1. 运用观察法识别种子的结构，并对比区分单子种子和双子叶种子。

情感态度和价值观目标参与收集果实和种子的活动。

（三）教学过程

1. 创设问题情境

教师：通过老师的描述，同学们来猜猜描述的是什么？

如果不是人类贪婪的嘴唷干净瓜瓢果肉，你怎能摆脱甜蜜的困扰；如果不是用污泥把你埋没，你怎能从腐朽中吸取养料；如果不是常向你劈头盖脸地泼洒脏水，你怎能出落得如此芬芳、俊俏；如果不是把你逼进岩缝之中，你怎能磨炼得如此挺拔，咬定青山不动摇。

学生：认真倾听，思考得出描述的是种子。

教师：组织个小组展示自己收集的种子。

学生：认真观察

设计意图：古希腊学者罗塔戈说过："头脑不是一个要被填满的容器，而是一束需要被点燃的火把。"通过创设问题情境，学生已有的经验和实践经历出发，激发学习兴趣和求知欲，让学生的思维一直处于活跃状态。

2. 提出问题

教师：这些形状、大小、颜色各部相同的种子都能长成具有叶。茎、根的植物体这是否与种子的内部结构有关呢？是不是所有种子的结构都一样呢？

3. 分析问题、细化问题教师：分组

给全班同学进行分组，每组5人，共分成7组，每组设置一名组长，负责全组的协调工作。选一名记录员，负责记录组内成员在思考过程中提出的意见和学习过程以及最终形成的成果。

学生：细化问题，小组讨论，分析问题，确定要解决的具体问题。

（1）种子由哪些结构构成？

（2）所有的种子结构一样吗？

（3）种子在结构上的相同点和不同点分别是什么？

设计意图：分析问题确定要解决的问题

4. 小组合作讨论

教师：为学生提供可能用到的实验材料以及与种子相关的资料学生：分析教师提供资料和自己收集到的资料，从教师提供的实验材料中选取适合的实验材料，展开实验。

5. 设计解决问题的方案

教师：不断的巡回观察个小组活动的进展状况，对有问题的小组给予帮助和指导。学生：通过小组内部协商讨论，表达自己对问题的看法与解决问题的见解，制定出合理的解决方案。

6. 展示成果

教师：要求全体学生相互评价学习，肯定学生的优点，加以表扬鼓励；指出不足，提出建议。各小组可以相互对照，取长补短。

学生：通过解剖种子的实验发现，不同类型的种子，其结构是不一样的。我们实验中用到的菜豆种子和玉米种子分类代表两个种类的种子，菜豆种子的结构是种皮、子叶（两片）、胚（胚芽、胚轴、胚根）。玉米种子的结构是种皮和果皮、胚乳、胚 [胚芽、胚轴、胚根、子叶（一片）]。由于子叶数量的关系种子被大致分为双子叶种子和单子叶种子。通过对解剖开的玉米种子和大豆种子进行对比，我们可以找出其异同。[利用 PPT 辅助]

设计意图：培养学生语言组织能力、口头表达能力，并让学生学会倾听、分析思考。

7. 评价

教师：评价学生整个课堂活动表现和学习效果，组织学生之间互相进行有效评价学生：教师与学生之间、学生与学生之间、自己对自己进行客观评价，总结学习的收获和不足。

二、实验结果与分析

（一）实验组和对照组生物学习成绩的比较分析

在应试教育下，不管是学校、家长、老师还是学生最关心的就是成绩，对实验班和对照班的成绩进行比较。因为实验组和对照组的样本容量大于 35，所以利用统计学软件 SPASS16.0 中的独立样本 t 检验，有两个变量（检验变量和分组变量），计算公式：

$$t = \frac{\overline{X}_1 - \overline{X}_2}{\sqrt{\dfrac{S_1^2}{N_1} + \dfrac{S_2^2}{N_2}}}$$

公式 1（其中 X 表示平均值，S 表示标准差，N 代表对应的人数）

t 值的差异可表示成绩的差异，若 $t_{sig} > 0.05$，则表示差异不明显，若 $t_{sig} < 0.05$，t 则表示差异显著。

表 4-1 实验组和对照组成绩比较统计量表

	班级	N	均值	标准差	均值的标准误
成绩	三、四班	70	58.4054	20.57	3.38
	一、二班	78	46.8514	19.90	3.27

表 4-2 实验组和对照组成绩比较独立样本 T 检验表

		方差方程的 Levene 检验	均值方程的 t 检验					
		F Sig.t df	Sig.（双侧）	均值差值	标准误差值	差分的 95% 置信区间		
						下限	上限	
成绩	假设方差相等	.063.803-2.45672	.016	-11.55	4.705	-20.93	-2.1747	
	假设方差不等	-2.45671.9	.016	-11.55	4.705	-20.93	-2.1745	

*P<0.05 差异显著，P<0.01 差异极显著。

从表 4-1 可以看出，实验组平均分比对照组的平均分高出了 7.6 分。从表 4-2 可以看出，t_{sig}=0.016（P＜0.05），表明实验组和对照组的成绩存在显著差异。实施了 PBL 教学模式之后对实验班学生的成绩产生的显著的影响。

（二）实验组和对照组学生问卷调查分析

问卷总共 10 道题，其中对现有教学模式下学生对生物学学习的兴趣（第 1、2 题）、学生问题意识的培养（第 3、4 题）、课堂参与度（第 5 题）、当前使用的教学模式的认同度（第 6、7 题）、当前课堂中所使用教学模式下学生的收获（第 8、9 题）、现有教学模式下学生面临的困难（第 10 题）等五方面展开调查。具体问卷内容见附录 4。

第 1-2 题：在当前使用的教学模式下学生对生物学学习的兴趣。1、2、3、4 对应 A、B、C、D 四个选项内容。

表 4-3 当前教学模式下学生对生物学学习的兴趣的调查分析

		频率		百分比		有效百分比		累积百分比	
		实验组	对照组	实验组	对照组	实验组	对照组	实验组	对照组
第 1 题	1	39	23	56	29	56	29	56	29
	2	22	40	31	51	31	51	87	80
	3	5	10	7	13	7	13	94	93
	4	4	5	6	7	6	7	100	100
第 2 题	1	33	12	47	12	47	15	47	15
	2	21	18	30	18	30	23	77	38
	3	9	31	13	40	13	40	90	78
	4	7	17	10	22	10	22	100	100

从表中第 1 题的数据统计我们可以看出，实验组和对照组的学生本身对生物学学习的兴趣比较浓厚，实验组中 87% 的学生比较喜欢生物课，对照组中有 80% 的学生比较喜欢生物课。相应的通过对实验组和对照组在课堂教学中采用不同教学模式的统计分析发现，在课堂中采用 PBL 教学模式可以更好地激发学生学习生物学的兴趣。但是我们还须注意到有 23% 的学生对该教学模式没有太大的兴趣，说明在教学实践中可能存在一定的问题，没有充分发挥 PBL 教学模式能提高学生学习兴趣这一优势，在以后的教学实践中要注意这一点。

第 3-4 题：对培养学生问题意识的调查。1、2、3 对应 A、B、C 三个选项内容。

表 4-4 对学生问题意识培养的调查分析

	频率		百分比		有效百分比		累积百分比	
	实验组	对照组	实验组	对照组	实验组	对照组	实验组	对照组
第3题	142	16	60	20	60	20	60	20
	217	34	24	44	24	44	84	64
	311	28	16	36	16	36	100	100
第4题	141	20	59	26	59	26	59	26
	216	32	23	41	23	41	82	67
	313	26	18	33	18	33	100	100

从表4-4中实验组和对照组统计数据的对比可以看出，实验组有84%的同学可以经常或偶尔发现问题，而对照组只有64%的同学可以经常或偶尔发现问题。实验组82%的同学在课前预习的时候会记下不懂的问题，而对照组只有67%的同学可以做到这一点。体现出了课堂中采用PBL教学模式可以培养学生的问题意识。

第5题：对学生课堂参与度的调查。1、2、3、4对应A、B、C、D四个选项内容。

表 4-5 在当前教学模式下学生的课堂参与度的调查分析

	频率		百分比		有效百分比		累积百分比	
	实验组	对照组	实验组	对照组	实验组	对照组	实验组	对照组
第5题	116	53	23	68	23	68	23	68
	220	10	29	13	29	13	52	81
	329	6	41	8	41	8	93	89
	45	9	7	11	7	11	100	100

从表4-5的统计结果可以看出，实验组有41%的学生喜欢参与课堂小组讨论中，还有29%的学生喜欢积极思考，相比之下对照组有68%的人倾向于以听讲和摘笔记为主，只有21%的同学喜欢积极思考并进行课堂讨论。在课堂教学中使用PBL教学模式一定程度上改变了其他教学模式中以听讲和摘抄笔记为主的被动学习，增强了学生学习的主动性和积极性。

第6-7题：了解学生对当前应用的教学模式的认同度。1、2、3、4对应A、B、C、D四个选项内容。

表 4-6 学生对当前应用的教学模式的认同度的调查分析

		频率		百分比		有效百分比		累积百分比	
		实验组	对照组	实验组	对照组	实验组	对照组	实验组	对照组
第6题	1	32	47	46	60	46	60	46	60
	2	11	15	16	19	16	19	62	79
	3	14	11	20	14	20	14	82	93
	4	13	5	18	7	18	7	100	100

续 表

		频率		百分比		有效百分比		累积百分比	
		实验组	对照组	实验组	对照组	实验组	对照组	实验组	对照组
第7题	1	39	20	56	26	56	26	56	26
	2	20	32	28	41	28	41	84	67
	3	11	26	16	33	16	33	100	100

从统计数据可以看出，在课堂中不论采取何种教学模式学生都能比较容易适应。通过实验组和对照组数据的比较分析发现，学生更容易适应原来课堂中使用的教学模式，容易适应的学生所占比例高达79%。但是实验组有84%学生认为课堂中使用PBL教学模式可以提高学生掌握知识的效率。总之，学生对在初中生物学中使用PBL教学模式的认同度较高，希望在以后的教学中继续使用。

第8-9题：考查在当前课堂中使用的教学模式下能使学生获得什么。1、2、3、4、5对应A、B、C、D、E五个选项内容。

表 4-7　在当前教学模式下学生的收获的调查分析

		频率		百分比		有效百分比	
		实验组	对照组	实验组	对照组	实验组	对照组
第8题	1	11	36	16	46	16	46
	2	33	10	47	13	47	13
	3	6	25	9	32	9	32
	4	20	7	28	9	28	9
	5	7	12	10	15	10	15
第9题	1	25	7	36	9	36	9
	2	6	24	9	31	9	31
	3	24	9	34	12	34	12
	4	8	26	11	33	11	33

通过表中实验组和对照组的统计数据可以看出，实验组和对照组的学生认为自身的能力在不同的方面都有所提高，课堂中采用PBL教学模式的学生认为自己在问题解决能力、信息搜集加工能力、合作交流能力等方面有显著提高。而对照组的学生恰好认为这几方面都是他们的弱项，反而在注意力、摘笔记等方面有所提高。

第10题：了解在当前教学模式下学习学生面临哪些困难。1、2、3、4对应A、B、C、D四个选项内容。

表 4-8　当前教学模式下学生面临的困难的调查分析

		频率		百分比		有效百分比	
		实验组	对照组	实验组	对照组	实验组	对照组
第10题	1	21	20	30	26	30	26
	2	18	23	26	29	26	29
	3	11	21	16	27	16	27
	4	20	14	28	18	28	18

　　从统计数据可以看出，学习能力不同的学生面对的困难不同，不论是实验组和对照组在问题解决、信息搜集加工、语言表达、创造力等方面都面临着困难，不管是来自哪方面的困难都要求教师关注起来，在今后的实践教学中加以重视，并加强实践指导。

第五章 学案导学教学模式的设计与实践

第一节 学案导学教学模式概述

一、教学模式的含义

教学模式（Model of Teaching）一词最初由是美国学者乔伊斯（Brace Joyce）和威尔（Marsha Weil）在其著作《教学模式》中于 1972 年首次指出：教学模式是"系统地探讨教育目的、教学策略、课程设计和教材，以及社会和心理理论之间相互影响的，

可以使教师行为模式化的各种可供选择的类型"。叶澜教授认为，"教学模式是一种教学手段，更是从教学原理、内容、目标和任务、教学过程直至教学组织形式的整体、系统的操作样式"。

总体来说，教学模式是指在一定的教育思想引领下，结合海量教学实践经验，以完成确定的教学目标、内容、任务为目的，形成的一种比较稳定的教学结构，并且具有实践性。

二、学案导学的含义

学案教学就是结合现代教育技术，以学案为操作材料，以教师调控为手段，注重学法指导，突出学生自学，重在培养学生的字习能力和创新意识，从而提高教学效益的教学策略体系。

三、学案导学教学模式的含义

综合上述内容可以得知，学案导学教学模式是指以学生学会学习为目标，以学案为材料基础，以学生自学、教师主导为教学方式，旨在提高学生综合学习能力、提高教学效率的一种教学模式。

这种教学模式充分体现了学生主体和教师主导的作用，并使其统一和谐，能够适应现今课堂教学改革的要求。

第二节 学案导学教学模式下的课程设计

学案导学模式有充足的理论基础和实践前景。经过查阅文献，学案导学模式已经被广泛应用于语文、数学、英语、历史、信息技术等学科，本书尝试探讨学案导学模式在生物教学中的应用。

一、初中生物学案编写环节

1. 新授课导学案的主要环节

（1）学习目标

第一，导学学案的目标设计应简洁明了。学习目标明确是课堂高效率的首要保证。在目前通用的新授课导学学案的目标设计中，沿用了之前传统教学模式教学设计中的三维目标，即：知识与技能、过程与方法、情感态度与价值观，但是又存在区别。因为导学学案是提供给学生使用的，所以我们在设计导学学案的学习目标时，应该使用学生易于理解、易于达到的词句，以便在上课时一拿到导学案就能迅速掌握本节课的要点。

案例1"开花和结果"一课的目标设计如下：

1. 概述花的主要结构（重难点）

2. 描述传粉和受精的过程，阐明花与果实和种子的关系（重难点）

3. 认同花、果实、种子对于被子植物传宗接代的重要意义，养成爱护花的习惯

第二，导学学案应该抓准和突出重难点。重难点可以不沿用原先教学设计的模式，可以在三维学习目标后面直接打括号注明。这样做既能节约学案的版面，又能在学生快速浏览学习目标的时候就明确学习目标。

案例2"生物圈中有哪些绿色植物"一课的目标设计如下：

知识目标：

1. 概述藻类，苔藓类，蕨类植物的形态特征和生活环境（重点）

2. 说出孢子植物对生物圈的作用与人类的关系

能力目标：

1. 学会观察和研究生物的一般方法

2. 能识别当地常见的裸子植物和被子植物

3. 认识并能说出种子主要结构，描述菜豆种子和玉米种子的相同点和不同点（重点）

4. 认识种子的传播方式是与其环境相适应的特点

情感目标：关注生物圈中各种各样绿色植物

第三，学习方法建议。导学案的学习目标下方最好附有学法指导。便于学生领会具体课程的学习方法，事倍功半。

例如"调查周边环境中的生物"一课的学习方法可以设计为"观察、调查、记录"。

第四，激励语设计。本书所在的学校倡导激励教育。在每一张导学案的课题上方，提倡写一句激励学生的话语。本书认为这样做能引发学生积极向上的思考，是大有裨益的。激励语的设计可以结合本节课的学习内容进行选择。

例如"人的生殖"一课中，会提到数亿个精子，只有最快最好的那个能与卵细胞结合。本节课的激励语可以设计为"做最好的自己"。例如"光合作用吸收二氧化碳释放氧气"一课中，会提到科学家们探究光合作用的各种实验，这节课的激励语就可以设计为"自古成功在尝试"。

（2）学习过程

结合本书所在的学校导学案编写模式和学校激励教育的理念，下面谈谈新授课导学案的学习过程设计。

第一，自研自激（自主学习、导学激思）。这个版块主要是教师课前精心设计问题，引导学生自主看书进行学习。在一节课刚开始的时候，最好要能提出激发学生学习兴趣的问题。让学生带着浓厚的求

知欲阅读课本。题目题型的设计可以是填空.选择.概念图.探究实验等多种形式，要根据具体的上课内容进行安排。由于初中生物的课时有限，学生的重视程度不够，所以建议给学生填写的内容尽量少。

第二，互探互激（合作探究、互动激趣）。讨论的内容，可以是在自主学习中产生的问题，也可以是教师事先设计好的讨论题。对于能在课本上找到原句的题目，可以放在自主学习中；但是对于需要集体智慧的题目，就应该设计成讨论题了。这也是合作学习的一种体现。如果小组内仍然不能解决，可以在班上进行组间交流。设计的讨论题最好不要有规范答案，尽量是开放式题目，给学生更多的发展空间。

第三，展示共激（展示激疑、评价激情）。学生交流之后，应该给予他们展示自我.增强自信的平台。不同小组展示的题目尽量不同，可以提高学习效率。评价的方式可以多样化。可以在小组展示之后，直接由教师评价；可以一个小组展示之后，由下一个小组先评价后展示等等。

第四，反思再激（总结提升、拓展激智）。这个版块可以设计知识树.概念图等总结性的图表，帮助学生总结本节课的知识体系。也可以设计趣味阅读或者拓展应用，让学生学以致用.拓展视野，激发学生思维的火花。

（3）训练提升

在一节新授课的最后几分钟时间，尽量让学生进行课堂检测。检测的题目应该突出本节课的重点，题目不要太多，以三题到五题比较适中，方便学生在短时间内检测自己的课堂效率和学习成果。

（4）反思总结

这个环节的设计是提醒学生，一节课结束之后，自己有哪些收获？或者本节课的表现如何？也可以写自己仍然存在的疑惑是什么？它可以帮助学生扫清学习障碍.增强反思总结的能力。

2.复习课导学案的主要环节

（1）复习目标

第一，参考课程标准和考试大纲的要求，写出本节课的常考点.易考点.易错点，帮助学生把握考试要求。

第二，列举复习的重难点，帮助学生对比自己的实际学习水平和应该掌握的知识点。

（2）课堂导学

第一，知识整理。在自学自习的时间内，让学生自己学会系统地掌握知识结构和框架体系，能够从中找出相关内容的衔接点，掌握重点难点和方法规律，并结合自身学习的实际情况，标记容易出错和容易混淆的内容，思考知识体系的完整性，做到既广泛又深入。

第二，导问导学。以层层递进的题目设计引导学生回忆基础知识并将其灵活运用，题型从简单到复杂都应该涉及。从而帮助学生坚持以前学习过程中的不足之处，并补充学习遗漏的内容，帮助学生学会灵活运用所学知识解决问题，尽量举一反三。

第三，例题精讲。比较典型的题目，特别是容易出错的题和综合性题目，可以设计成例题精讲精练。由例题发散而成的各种题型可以设计成专题训练。

第四，练习讲解。先给学生时间自己练习做题，教师再统一核对答案，如果学生回答错误，教师可以针对性地进行讲解。如果题目中涉及各种图形，应当帮助学生分析问题，总结规律。

第五，错题整理。在复习课结束之后，要求学生对自己的错题进行归纳整理形成错题集，有利于完善自己的知识体系，提升自己的学习方法和学习技巧，有利于在后续的复习中进一步巩固和加深印象，有助于学生学习成绩的提高。

（3）课堂检测

检测的题目类型可以分为不同等级，从基础题到拓展题逐层深入，方便学生检测本节课的复习效果和自身所在的层次。

（4）课后作业

一般不建议本书所在城市的初中生物老师布置课后作业。尽量在课堂上给学生时间训练，解决疑难问题。题目设计应该以中等水平及以下的题目为主（约为90%），题量适中，照顾到绝大多数同学。难题可以设计一至两道，激发学生挑战自我的斗

二、初中生物学案的使用方法及注意事项

1. 学案的发放和回收

对于其他学科而言，导学学案应该在课前提前一天发放，应该要求学生对照学案自己进行预习。对于能在课本上找到答案的题目，要求学生都能解决；对于基础较好、思维活跃的同学，要求能独立解决提升练习。对于自己在预习中产生的疑惑，应该用不同颜色的笔做标记，方便在课堂上有针对性的听讲和解决疑难问题。但是本书所在的武汉市，初中生物不是中考学科，受重视程度和学习时间有限，考虑到初中生物的学科地位，建议上课之后发放。

尽管初中生物"姥姥不疼，爷爷不爱"，但是初中生物老师必须对自己严格要求。发放的导学案必须回收，收上来的导学案必须批改，批改的导学案必须登分统计。下节课上课之前应该表扬学案完成好的同学，批评学案书写态度不认真的同学。这对于维护课堂纪律、敦促学生学习生物是有好处的。上课结束后，教师还应该反思自己编写的导学案哪些地方可以改进，以及心得体会可以写在反思册上，不断改进，追求创新和卓越。

2. 课堂上使用学案的注意事项

（1）对学生的要求

第一，严禁抄袭。自己的导学案要坚持自己填写，遇到问题先认真仔细的看书，产生了无法解答的疑问再和小组内的成员讨论，养成遇到问题能迎难而上的优秀品质。讨论问题时尽量发表自己的观点；老师讲解时学会倾听；对自己无法认同的观点学会大胆质疑。

第二，注意做标记。标注重难点、纠正错误、疑惑不解等情况，可以用不同颜色的笔在导学案上做好记号，醒目易找，方便自己和教师查阅，方便扫清学习障碍。

第三，参考课本。导学案的作用是引导学生进行学习，仍然需要认真阅读课本，不能因为有导学案就把课本甩在一旁，甚至不带生物课本，这样做本逐末。学案只是引导的作用，是一种方便学习的计划预设。课本才是学习的发源地。

（2）对教师的要求

第一，导学学案的问题设计应该符合逻辑性，层次递进，符合学生的认知规律。

案例3"开花和结果"一课中，可以采用以下流程设计：观察结构、学以致用、归纳总结。先引导学生观察花的结构图，看图填写花的重要结构；再用日常生活中常见的问题提问，引发学生思考。在果树开花季节，如果遇到阴雨连绵的天气，常会造成果树减产。这是为什么？观察P105玉米花和鼠尾草花，它们各自有什么特点？在果实发育的过程中，子房壁逐步发育成什么？种子由什么形成？整个子房发育为什么？"麻屋子，红帐子，里面住着个白胖子。"这个谜语的谜底是什么？最后再联合花的结构与果实的形成过程，引导学生思考果实里种子的数量与什么有关？并完成知识结构归纳图。

第二，导学学案的设计应该考虑学生的实际情况和基本学情。初中生物课在学生心目中的分量较轻，导学学案的设计不宜题目过多或者过难。

第三，恰当地使用导学学案。使用学案的时候也应该针对不同的班级随时调整。学案本身已经起到引导学生学习的作用，这就代替教师的一部分职责。尽量给予学生自主学习的空间，尽量减少纯粹的讲解。

在学生遇到疑难问题并且无法通过讨论和相互交流解决的时候，再进行点拨。遇到比较难的问题，要相信学生自身的能力，给学生机会和时间自己动脑筋去解决问题。

第三节　学案导学教学模式下的实践分析

一、学案导学模式在初中生物教学实验效果的研究

下面主要是在初中生物课堂教学中应用学案导学教学模式，并进行教学实验对比研究。实验在七年级共 12 个班展开，其中 1 至 6 班采用传统教学，7 至 1 班用学案导学教学。通过一个学期的生物学教学实践，比较教学效果。

（一）学案导学教学模式的实验假设

将学案导学教学模式应用到初中生物课堂教学中，并且运用适当的教学方法，可以帮助学生提高学习生物的兴趣，有利于学生养成自主学习的习惯，并且能够帮助学生提高初中生物学科的成绩。

（二）学案导学教学模式的实验设计

在七年级全面开展教学实验。实验主要选用等组实验法。学生进校分班时各班高分层、中间层和希望生均匀分布，学习成绩相当。从第一学期的生物期末考试成绩看，差异并不显著。从第二学期开始，1 至 6 班传统教学，7 至 12 班用学案导学模式教学；1 至 12 班的教学过程均使用相同的多媒体课件。通过一个学期的生物教学实践，观察学生的生物学习兴趣、学习习惯和生物学科的成绩，比较教学效果，比较试验前和试验后两个不同组的班级生物学习差别。

（三）学案导学教学模式的实验过程

1.准备阶段

准备阶段（2015.09.01—2016.8.31）任务：查阅文献；学习编制导学学案；尝试运用导学学案教学模。

2.实施阶段

实施阶段（2016.09.01—2017.01.30）任务：在七年级 1 至 6 班采用传统教学模式，7 至 12 班用学案导学模式进行教学。课本、教学目的、教学内容、课件、课时相同，学生基础学习能力相似。

下面以《练习显微镜的使用》这一课为例，比较传统教学模式和导学学案教学模式。

（1）传统教学模式的教学设计

传统教学模式的教学设计如下：

第一章　细胞是生命活动的基本单位

第一节　练习使用显微镜

一、教学目标

1.知识目标：能够指认显微镜的结构与功能。

2.能力目标：能够独立的规范使用光学显微镜，调清楚并观察到清晰的物像；能够尝试解决在使用过程中出现的问题。

3.情感目标：爱护显微镜，能实事求是的对待科学问题。

二、教学重难点

教学重点：规范使用显微镜。

教学难点：规范操作显微镜，调清楚并观察到清晰的物像。

二、教学过程

教学导入：细胞很小，我们用肉眼是看不见的，所以要观察到细胞，就必须使用显微镜。接下来让我们亲身体验显微镜的奇妙世界。这节课我们来了解显微镜的结构、功能、使用方法及注意事项。

1. 显微镜的结构

教师引导：请大家仔细观察课本的显微镜结构图片，三到五分钟的时间迅速记忆光学显微镜的各个结构，过一会儿我们来看幻灯片上面的图片，不看书说出它的名称。

全班同学对照图片和显微镜记忆结构名称。时间到，四位同学举手，根据幻灯片图片脱稿说出结构名称。

2. 显微镜的功能

教师引导：光学显微镜的这些结构对应的是什么功能呢？让我们一起来了解。一边放幻灯片一边讲解显微镜各个结构对应的功能。

3. 显微镜使用注意事项

教导学生按照课本的提示，让学生观察教师的示范操作。教师一边示范，一边讲解每个步骤的注意事项，并问学生为什么要这样做，引发学生思考、加深印象。然后发放"e"字玻片，让学生在自己动手，学习使用显微镜，按照教师的指导操作来做。

对光：（1）转动转换器，选用低倍物镜对准通光孔；（2）注意观察时两眼都要睁开；（3）调节反光镜，直至看到白色圆形明亮的视野。观察：（1）用压片夹固定玻片标本；（2）眼睛从旁边看着物镜，使镜筒下降，贴近玻片标本；（3）左眼观察，一边看一边使镜筒上升，调清晰物像。

学生操作的时候教师要进行巡视和指导。

四、归纳小结

教师提出操作过程中的问题：如何选择反光镜？如何把物像移到视野的中央？物镜的放大倍数与视野的明暗有什么联系？如何计算显微镜的放大倍数？观察到的物像和物体的方位有什么不同？

然后做课后练习巩固所学知识。

（2）导学学案教学模式的教学设计

导学学案教学模式的教学设计如下：

第一章　细胞是生命活动的基本单位

第一节　练习使用显微镜

一、教学目标

1. 知识目标：正确说出显微镜的结构与功能。

2. 能力目标：能独立、规范地使用显微镜，能观察到清晰的物像；在认识、使用显微镜的过程中发现问题，并尝试解决问题。

3. 情感目标：认同显微镜的规范操作方法，养成爱护显微镜的习惯，初步形成实事求是的科学态度。

二、教学重难点

教学重点：显微镜的使用方法。

教学难点：规范使用显微镜，并观察到物象。

三、教学过程

教师导入：宇宙间，就目前我们认识到的一切物体，小到基本微粒，大至广阔无垠的星系，结构都是分层次的。生物体也不例外，同样也包含不同的结构层次。其中，生物体结构和功能的基本单位是什么？（学生答："细胞。"）细胞很小，我们用肉眼是看不见的，必须借助一定的仪器，比如说……（学生：

"显微镜。") 这节课我们就来了解显微镜的使用。

教师：请同学们以小组为单位用正确的姿势取出显微镜。

教师：我们要了解显微镜的使用首先就要了解它的构造。同学们在课前已经预习了这一部分。我们来交流一下预习成果。

学生：参照课本，对照学案，认识显微镜各部分的名称及作用。学生：对照学案，正确地从镜箱中取显微镜的方法。

教师：引导学生一边完成学案一边动手操作。

学生：边做边学。

教师：对学案的反馈检测部分提问、检测。

归纳小结：我们今天这节课学习了哪些内容？同学们有哪些收获和感悟？

课外探究：光学显微镜只是众多显微镜的一种。随着科技的发展，显微镜的种类纷繁复杂、放大倍数也越来越高，请同学们课下查阅：除了我们现在使用的光学显微镜外，还有哪些种类的显微镜？

板书设计：

第一节练习使用显微镜

一、结构

光学部分（目镜、物镜）、机械部分

二、功能

放大倍数＝目镜的放大倍数＊物镜的放大倍数

三、成像

上下颠倒、左右相反

3. 总结阶段

总结阶段（2016.01.31—2017.02.28）任务：第二学期期末发放"评教评学"的调查问卷；分析教学实验前第一学期期末生物考试成绩和实施导学学案教学模式后第二学期期末生物考试成绩；综合评估课堂的参与度、分析学生的生物学习兴趣、学习自觉性、生物学习成绩是否有提高等。

（五）学案导学教学模式的实验结果及分析

经过一个学期的教学实验，借学期末评教评学的机会，给七年级全体同学发放调查问卷，评价学生对生物学习兴趣和生物学习的主体性。

1. 学生的生物学习兴趣

在生物课堂上仔细观察后，参考调查问卷的结果和数据分析，本书发现了以下现象。在实施学案导学教学模式的 7 至 12 班，课堂上学生的参与度很高，举手发言十分踊跃。学生能自觉对照课本努力搜寻答案，希望能抢先展示自己小组的风采。同组的希望生受到组员的敦促和约束，激发了他们的学习欲望，增添了他们的自信。许多学生对生物学科的兴趣大大增加，能够从生物学习中获得乐趣。

在实施传统教学模式的 1 至 6 班，学生的参与度不够高，体会不了学习的乐趣；与同组学生缺乏交流沟通，课堂气氛不活跃；举手发言的学生很少，经常是教师自问自答。有一部分学生没有热情学习生物，对生物学科缺乏兴趣。

表 5-1　生物学习兴趣问卷调查统计表

问卷内容	调查结果（同意的人数，%）			
	实验班		对照班	
	前测	后测	前测	后测
我喜欢初中生物这门学科	36.4	90.2	35.8	41.1
我喜欢和同学讨论生物课堂中遇到的问题	35.7	62.8	34.9	43.6
如果有课外生物兴趣小组，我一定会参加	30.2	76.5	37.8	26.5
我有初中生物学科的参考书籍	28.5	38.6	23.1	18.1
我的课外读物中经常会出现生物学科的相关文章	26.6	65.8	27.2	30.6
每一节课结束后，我都会认真梳理知识结构	26.8	82.3	27.3	26.5
探究生物学科问题让我感到兴奋	18.6	36.8	18.7	20.3
动手做生物学科的实验是我最盼望的事情之一	32.5	92.3	30.6	58.9
生物课堂上除了听课之外，我会做好相关笔记	18.5	36.8	17.1	16.2
我喜欢这种上生物课的方式	28.6	89.7	27.8	26.1

2. 生物学习主体性

学生作为认识的主体，如果能够充分认识到学习生物的价值，在生物学习过程中主动参与，不会因为是否为考试科目而影响自己的学习态度，甚至能在生活实践中发挥自己的创新精神，那么学生就发挥了自己的主体性。

表 5-2　生物学习主体性问卷调查统计表

问卷内容	调差结果（同意的人数，%）			
	实验班		对照班	
	前测	后测	前测	后测
我能在课堂上独立阅读生物课本，获取知识	16.7	47.3	16.8	21.7
上课时我的注意力比较集中	12.5	48.6	12.3	16.8
在课前我已经看过生物课本上的内容	56.8	68.3	52.7	51.2
我会问生物老师日常生活中遇到的生物相关问题	16.2	39.7	16.1	18.2
我喜欢阅读生物相关的课外书籍	11.8	36.5	11.6	12.9
生物老师课堂提的问题我觉得很简单	11.9	36.8	11.3	29.8
我有时候能猜到生物老师下一步会讲什么	13.4	22.6	13.7	16.7
我上生物课举手的次数比较多	10.2	28.6	10.1	10.3
我认为生物课件上面的内容很吸引我	24.6	37.5	24.5	30.1
我会和同学讨论生物学科的相关问题	60.7	60.7	19.2	23.5

3. 生物学习成绩

一个学期结束后，通过统计七年级全体同学的生物期末考试成绩，得到以下数据：

表 5-3 生物学习成绩期末统计表

	班级	人数	平均分	标准差	Z 与临界值比较	P 值
前测	对照班	382	62.55	12.23	Z=0.62，Z < 1.96	p > 0.05
	实验班	388	64.16	11.12	差异不显著	
后测	对照班	382	71.15	13.51	Z=2.26，1.96 < Z < 2.58	0.01 < p < 0.05
	实验班	388	77.23	10.25	差异不显著	

通过分析表格数据得知，在实施教学实验前，班上学生的生物学习成绩相近，差异并不显著；通过在实验班级使用学案导学的教学模式，实验班的成绩有所提高，并且与对照班级的生物成绩的差别比较大。

在对照班级采用传统教学模式进行教学，以教师讲授为主，学生被动地接受知识。对知识的重难点突破比较容易，学生也能从整体上系统掌握知识体系，可以用提问的方式启发学生思考。但是课程结束后，学生对知识印象不深刻，机械地接受知识也容易扼杀学生的创造力，不符合时代教学的要求。

实验班采用学案导学开展教学，以学生自学、讨论为主。虽然课堂有时候过于活跃，但是学生的参与度非常高，学习效率得到了保障。学生的思维比较活跃，老师也乐在其中。由于学习的总体思路已经印在导学案上，有部分积极的同学会在教师点拨之前就提前把学案填写完，引发不同小组的竞争意识，并且带动了同组其他层次的学生积极思考问题和举手发言。

教学实验后对照班与实验班期末考试各水平要求得分率（％）比较表：

表 5-4 考试水平比较表

	了解	理解	应用	探究能力
对照班	60.91	43.37	40.45	31.50
实验班	61.58	48.48	46.58	44.00
变化量	0.67	5.11	6.13	12.50

在进行教学实验后，实验班级的生物学及情况调查表格如下：

表 5-5 实验班生物学学习情况调查表

问题	选项比例（％）		
	A（较大提高）	B（提高）	C（没变化）
1. 对初中生物的喜欢程度	68.7	22.3	9.0
2. 对生物实验的兴趣增加	72.3	18.6	9.1
3. 学习初中生物的效率	61.2	19.4	19.4
4. 对待初中生物的态度	56.8	23.1	20.1
5. 课堂学习效率	57.2	27.9	14.9
6. 学习初中生物的积极程度	56.2	29.1	14.7
7. 自我学习能力的培养	36.2	56.8	7.0
8. 学习初中生物的习惯养成	37.9	58.3	3.8
9. 学初中生物的自觉程度	32.6	48.2	19.2

（六）学案导学教学模式的实验结论

1. 学生的生物学习兴趣得到提高

通过对调查问卷的结果进行数据分析得出，在实行学案导学模式教学的班级，学生对生物学科的喜欢程度升高了53.8%，而且有76.5%的学生愿意参加课外生物兴趣小组；92.3%的同学非常喜欢动手做生物学科的相关实验，这与学案导学模式的教学氛围是密切相关的。学案导学教学能让学生明确每节课的学习目标和学习流程，营造轻松愉悦的教学氛围，提高学生的生物学习兴趣。

2. 自主学习能力得到提高

从调查学生的生物学习主体性的数据可以看出，在实行学案导学模式教学的班级，大多数学生会在课前提前阅读生物课本上的内容，并且比例高达68.3%，这充分体现了学生学习的主动性。他们经常会在课堂上突发奇想，提出带有自己创新思考的问题，问一个好的问题比解答一个问题更难。学生正在体验生物知识的新奇与奥秘，掌控教学的进程，主动向教师索取知识。他们愿意举手发言，表达自己的观点和看法，也是体现自主性的途径之一。

3. 实时评估学生的课题学习

学案上已经为学生提供了详细的学习流程，在每个学习环节都有逐层深入的提问启发学生的思维。通过课堂提问、检查学案的完成情况和学案回收后的批改，教师可以详细掌握学生的课堂学习情况，并及时反馈。课堂上发现好的现象及时表扬、加分，小组之间形成竞争；课后学案上反映出的问题在下节课开课后几分钟内反馈给学生。学案是学生学习的蓝本，能有效的帮助评估学生的学习情况。

4. 培养了学生良好的学习习惯

"学案"的设计包括学习目标、课前预习、课堂导学、课后复习和作业等内容，对学生完整的学习过程进行指导和监督，使用一段时间后，有利于学生养成良好的学习习惯。

5. 帮助养成良好习惯

学案的完整流程涵盖了学习目标、重难点、学法指导、学习内容、反馈检测等环节，无形中要求学生在课堂上保持注意力集中。而小组之间的激烈竞争又迫使学生积极的回答问题，动静相宜。

6. 整合资源，高效学习

教师可以在课前广泛收集资料，选择精华部分添加到学案中，拓展学生的视野，整合资源，增添学生学习的广度、深度和趣味性。对于难以理解的内容，教师可以设计一个不完整的概念图或者知识树，再让学生填充，帮助他们归纳整理。教师还可以适当地对教学内容进行调整，简单章节进行合并，重点章节进行拆分，便于学生在有效的时间内高效率的学习。

二、学案设计的优化

在学案导学教学模式的实施过程中，本书不断探索学案的设计如何才能更贴近学生的认知规律，符合学生探索新知的规律，期望摸索出更优化的学案设计，提高课堂学习效率。下面从学案设计内容、学案格式和优化学案的实践来分析。

（一）不同学案设计比较

以《种子植物》这节课的导学案不同设计为例，比较同一课题三种不同设计的导学案优缺点，进而探索优化学案的特点。

1.《种子植物》导学案设计一

（1）设计内容

学习目标：参与收集种子和果实的活动；运用观察的方法识别种子的结构。说出种子的主要结构和功能。描述菜豆种子和玉米种子的相同点和不同点。看图识别当地常见的裸子植物和被子植物。

学习重点：运用观察的方法识别种子的结构。

学习难点：能说出种子植物优于其他三类植物的原因自主学习：

1. 由（ ）发育成的植物叫种子植物。

合作探究：

2. 蚕豆种子的结构？

3. 玉米种子的结构？

展示成果：1，3，5，7组。

4. 菜豆种子和玉米种子的相同点和不同点：

		菜豆种子	玉米种子
不同点	子叶数		
	子叶的功能		
	有无胚乳		
	营养物质储存部位		
相同点			

实验小结：种子的主要结构：

5. 小组讨论各部分的功能：种皮、子叶、胚芽、胚轴、胚根

6. 裸子植物和被子植物的概念？

7. 识别课本86页哪些是裸子植物哪些是被子植物？

8. 小组讨论：种子植物优于其他三类植物的原因？

9. 当堂检测：

（1）在解剖和观察种子的结构时，胚根连接在哪个部位上（ ）

A.胚轴　　　　B.胚芽　　　　C.子叶　　　　D.胚根

（2）在种子结构中最主要的部分是（ ）

A.子叶　　　　B.胚根、胚轴、胚芽　　　　C.胚　　　　D.胚乳

（3）小麦和花生的种子都具有的结构是（ ）

A.胚和胚乳　　　　B.胚芽和胚乳　　　　C.子叶和胚乳　　　　D.种皮和胚

（4）从种子的结构看，我们食用的面粉主要是由小麦种子的哪部分加工而成 （ ）

A.胚　　　　B.子叶　　　　C.果实和种皮　　　　D.胚乳

（5）豆油是从大豆种子的哪一部分榨出来的（ ）

A.胚　　　　B.子叶　　　　C.胚乳　　　　D.种皮

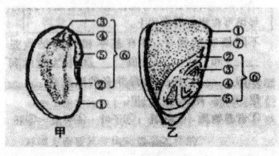

（6）观察玉米种子纵切示意图，回答问题：

1）在图中填出种子各部分的名称。

2）将碘液滴在玉米种子的横切面上时，被染蓝的部位是（　），说明其中含有（　），玉米种子这部分的功能是（　）。

3）与菜豆种子相比，二者在结构上的区别是。

（7）种子中哪一部分将来发育成植物体：（　）

（2）设计分析

这种设计具备了导学案的基本环节，字体较大，结构简单明了，重点突出，着重突出种子的结构和功能这一知识点，常规课中能讲清楚这几点能达到基本的教学效果。学习目标用语适合学生达成。强调了学生的自主探究活动，所占比重较大，符合学生的身心发展规律，有利于提高学生生物学习兴趣。

但是设计一尚存不足。种子的结构的确是重难点，但是认知方法不仅仅是观察，而应该强调实验。导学案中需要填写的内容过多，不利于在课堂40分钟内完成。比较菜豆种子和玉米种子在结构上的相同点和不同点以表格的形式列举出来简单明了，但是建议具体内容可以让学生思考，而不是一开始就列举好印在导学案上。裸子植物和被子植物的概念、举例，过于简单，应该设计让学生思考的问题来理解，在本节课设计不易讲清楚。课本中的菜豆种子是双子叶植物种子的代表，玉米种子是单子叶植物种子的代表。讲解、比较种子结构之后，应该发散开来，列举更多的例子，让学生学会举一反三。当堂检测习题过多，一般5题左右最佳。

2.《种子植物》导学案设计二

（1）设计内容

学习目标：认识并说出菜豆种子的结构（重点）；说出玉米种子的结构（重难点）；描述菜豆种子和玉米种子的相同点与不同点（重点）；能区分裸子植物和被子植物尝并能识别当地常见的裸子植物和被子植物（重难点）；通过小组活动，培养学生团结协作的意识以及分析、讨论、交流，等技能（重难点）。

学法指导：阅读学习、填图记忆、实验观察

知识链接：藻类、苔藓、蕨类都是靠 _____ 繁殖后代，称为 _____ 植物。

绝大多数植物是用繁殖后代，称为 _____ 植物。（阅读教材P83第一段）

学习过程：

自主学习：菜豆种子和玉米种子的结构（7分钟）

阅读教材P83-85关于菜豆和玉米种子的结构内容，填写下列菜豆和玉米种子的主要结构。

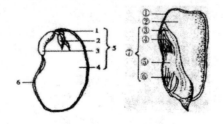

自学检测：

合作探究：种子的结构和苹果、梨、李与松果的种子的位置（15分钟）

活动要求：

1.每个小组每个成员取一粒浸软的蚕豆种子，按照由外向内依次认真观察认识蚕豆种子的结构。

2.每个成员取一粒煮熟的嫩玉米，用食指和拇指拿着玉米种子的两侧轻轻挤压，这时便从玉米种子中脱离出来一部分，这部分就是（胚）；把它的果皮和种皮完全剥掉，手中剩下的部分就是（胚乳）。

3.另取一粒浸软的成熟玉米种子，按材 P85 图Ⅲ–8 中虚线的位置（即玉米 粒中线部分有一个椭圆形的部位，这是胚）纵向切开，将一滴碘液滴在纵切 面上，染成蓝色的部分就是（胚乳）；未被染成蓝色的是（胚），用放大镜 仔细观察各部分结构。

4.将课下准备的果实（苹果、梨、李等）观察种子的着生位置，观察松的 种子在球果中的位置。

5.合作研究完成下列问题

菜豆种子与玉米种子在结构上的相同点与不同点。

	相同点	不同点
菜豆种子		
玉米种子		

豆类的子叶有什么作用？玉米胚乳遇碘变蓝说明什么？

哪些植物的种子是裸露的？哪些植物的种子外面有果皮包被着？这对种 子的传播有什么意义？

小组讨论：种子的最重要的结构是什么？为什么？

种子植物为什么比苔藓和蕨类植物更适应陆地环境？

阅读教材 P86-87 讨论裸子植物和被子植物主要不同点是什 么？二者常见的分别有哪些？

交流展示

精讲点播：（播放玉米种子结构的视频后）（6分钟）

讲解：

1.每一个玉米粒为什么实际上是一个果实；水稻、小麦、高粱和玉米的结构相似。

2.玉米胚各部分位置关系和特点：（请同学们将前面纵剖开的玉米，用 解剖针轻轻地将胚上端由几层幼叶包裹着的胚芽挑出来。再用同样方法将胚 下部呈锥状突起的胚根挑出。胚芽和胚根之间剩下的部分就是胚轴了。在胚 轴与胚乳之间是子叶，只有一片。胚芽、胚轴、胚根在子叶里包着。）

3.菜豆种子胚轴的位置和玉米种子子叶的位置及作用。

4.松果为什么不是果实？

延伸拓展：

1.我们平常吃大豆、花生、莲子主要吃它们的哪一结构？吃大米主要吃种 子的哪一结构？

2.在 _____ 和 _____ 条件下，种子的寿命可延长，反之，则会缩短。

3.为什么被子植物比裸子更加适应陆地生活，种类最多，分布最广？

课堂小结

课堂反思：这节课的中你有哪些收获？还存在哪些疑惑？

课堂检测（5分钟）

（1）在种子结构中最主要的部分是（ ）

A.子叶　　　　B.胚根、胚轴、胚芽　　　　C.胚　　　　D.胚乳

（2）豆油是从大豆种子的哪一部分榨出来的（ ）

A.胚　　　　B 子叶　　　　C.胚乳　　　　D.种皮

（3）从种子的结构看，我们食用的面粉主要是由小麦种子的哪部分加工 而成（ ）

A.胚　　　　B.子叶　　　　C.果实和种皮　　　　D.胚乳

（4）观察种子结构时，发现子叶是连接在（ ）上的

A.胚芽　　　　B.胚轴　　　　C.胚根　　　　D.胚乳

（5）被子植物区别于裸子植物的主要特点是（ ）

A.有根、茎、叶、花、果实和种子　　　　B.有种子

C.种子外有果皮包被　　　　D.种子外无果皮包被

（6）现在地球上分布最广、种类最多的植物类群是（　）

A.藻类植物　　B.苔藓植物　　C.裸子植物　　D.被子植物

（2）设计分析

设计二的优点很多。整体结构比较完善；版面适中，A4纸张正反面刚好可以印满；学习目标细致、易于达成；重难点融入学习目标中，一目了然；添加有学法指导，有利于学生把握正确学习方法，更高效的学习；设计有知识链接环节，可以有效地衔接上一节课的内容，而且知识链接的比重得当，短小、题少；自主学习内容安排适中，菜豆种子和玉米种子的结构图在书中有，学生有能力迅速完成自主学习；合作探究里开展实验，强调每个组员都动手实验，合作比较两种种子的异同，安排合理，兼顾到了每个学生；表格设计有学生发挥的空间；小组讨论问题设计精彩，考虑不同植物的生殖方式，并进行比较，引发学生思考；精讲点拨环节，教师指出重难点，帮助学生理解知识；拓展应用的设计，让学生学以致用，联系生活；课堂检测题量适中；每个环节都有时间分配，比例得当。

设计二比设计一有明显的优势，但在细节上还可以更加完善。例如自主学习中，菜豆种子和玉米种子结构过多，可以将两个整合到一起，既省时间，又能引发学生的思考和比较；在合作探究的活动中，空格里的结构词语可以让学生自己讨论填写，而不是直接印在导学案上；课堂小结建议给出知识结构图或者概念图，更有利于学生系统地掌握本节课的内容。

3.《种子植物》导学案设计三

（1）设计内容

学习目标：解剖和观察不同种植物的种子，认识并说出种子的结构（重难点）；描述菜豆（或蚕豆）种子和玉米种子的相同点与不同点（重难点）；

识别校园或本地公园内常见的裸子植物和被子植物（难点）；通过小组活动，培养学生团结协作的意识以及分析、讨论、交流，创新等技能（重难点）

学习过程

自主学习：阅读教材关于实验的结构内容（5分钟）

1._____ 一、_____ 和植物都是不结 _____ 的，而我们常见的花草树木，平时吃的粮食、瓜果和蔬菜，绝大多数都是结 _____ 的，并且都是由 _____ 发育而来的。这些植物统称为 _____ 植物。

2.种子的基本结构：种子的表面有一层 _____，里面是 _____，相当于幼小的植物体，它包括 _____ 一、_____ 一、_____，和 _____。菜豆、花生等植物的种子有 _____ 片子叶，这样的植物属于 _____；玉米、小麦等植物的种子只有 _____ 片子叶，这样的植物属于 _____。

3.在观察玉米种子结构时在剖面上滴一滴 _____，发现在位置被染成蓝色，说明此部位富含 _____。

合作探究：动手完成实验，观察蚕豆种子和玉米种子结构（15分钟）写出图中①至⑦结构名称：

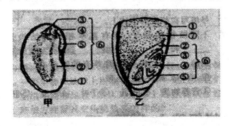

任务一：学生动手完成实验，观察蚕豆种子结构 注意：观察的方法由表及里、先形态后结构、先宏观后微观等；解剖种子时，蚕豆种子应剥去种皮后，从种脐相对的一侧轻轻分开两个豆瓣，再进行观察。

（1）首先观察种子的外形、颜色。

（2）剥下种皮，并试探种皮的坚韧性，种皮具有什么功能？

（3）剥去种皮后，轻轻分开2个豆瓣（注意不要损伤两片子叶连接处的突起部位），然后掰断一个豆瓣，用放大镜观察内部的结构和特点。

（4）思考问题：

甲图为种子，①作用 _____，②发育为 _____，③发育为 _____，④发育为 _____，⑤发育为 _____，⑥是由②③④⑤构成叫作 _____。它实际上是新植株的 _____。种子萌发的时候不能从周围吸收营养，只能靠种子自身储存营养。储存营养的结构是。

任务二：学生动手完成实验，观察玉米种子结构 注意：对于玉米种子应在种子中央纵剖，仔细观察内部结构。

（1）一粒较嫩的玉米种子，尝试分开种皮，较难或容易分开？说明 _____。

（2）取一粒较老的玉米种子从中央纵向剖开，在剖面上滴一滴碘液，再用放大镜仔细观察剖面，看看有何发现。

（3）观察玉米中的胚，会发现胚比较 _____，不能储存大量的营养。请问它的营养储存在哪里呢？

（4）思考问题：乙图为种子，⑦作用 _____。

展示点播：（10分钟）播放种子的结构；

有果皮包被的种子和无果皮包被的种子；

种子植物视频。讲解种子的结构以及种子植物的优势拓展应用：（2分钟）

1. 为什么糙米、粗面粉比白米、优等面粉的营养价值高？

2. 思考不同植物的进化顺序？

任务三：讨论、比较蚕豆种子与玉米种子在结构上的相同点与不同点，并完成表格

种子	相同点	不同点
蚕豆		
玉米		

任务四：产生种子的主要意义，请仔细看下面的表格。

植物	数量
藻类植物	约3万种
苔藓植物	约23000种
蕨类植物	约12000种
种子植物	约25万种

（1）从数据中可以看出：_____ 植物的数量最多。

（2）孢子和种子哪个生命力更强？为什么？

反思总结：（3分钟）有何收获？

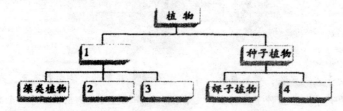

训练提升：（5分钟）

（1）分开菜豆种子的两个豆瓣，发现有一结构直接与豆瓣相连，这种结构是（　）

A. 胚　　　　　　B. 胚芽　　　　　　C. 胚轴　　　　　　D. 胚根

（2）在玉米种子的纵切面上滴一滴碘液，变蓝的是（　）

A. 胚　　　　　　B. 胚乳　　　　　　C. 胚芽　　　　　　D. 果皮和种皮

（3）种子的主要结构是（　）

A. 胚　　　　　　B. 胚乳　　　　　　C. 子叶　　　　　　D. 种皮

（4）在种子的结构中，被称作新植物幼体是（　）

A. 胚芽　　　　　B. 子叶　　　　　　C. 胚　　　　　　D. 胚乳

（5）玉米种子区别于菜豆种子的结构是（　）

A. 子叶两片，有胚乳　　　　　　B. 子叶两片，无胚乳

C. 子叶一片，有胚乳　　　　　　D. 子叶一片，无胚乳

（6）被子植物比裸子植物更加适应陆地生活是因为（　）

A. 被子植物能开花，吸引昆虫　　　B. 被子植物的根发达

C. 被子植物的种子有果皮包被　　　D. 被子植物数量多

（7）几种玉米种子受损的情况中，哪一种对其萌发影响最大？（　）

A. 胚乳损伤　　　B. 胚的任何部位损伤　　　C. 种皮损伤　　　　D. 胚乳和种皮都损伤

（8）下列哪种植物的果实，在农业生产上被习惯称为种子？（　）

A. 菜豆种子　　　B. 玉米种子　　　　C. 蚕豆种子　　　D. 花生种子

（9）松树与桃树最根本不同点是（　）

A. 松树适宜生活在干旱环境中　　　B. 松树终年常绿，能抵抗严寒

C. 松树的种子干燥，不含汁液　　　D. 松树的种子外没有果皮包被

（10）在种子发育过程中，保护发育中的种子免受外界不良环境侵害是（　）

A. 花被　　　　　B. 果皮　　　　　　C. 种皮　　　　　　D. 子叶

（2）设计分析

设计三的优点也很多。整体结构清晰；版面适中，为两面 A4 纸张；学习目标用语准确，有利于学生达成；重难点同样也融入学习目标中，既明了清晰又节约版面；自主学习题目是书上原话，每个学生都能在书上找到答案，设计简单，能让学生在自主学习环节大致把握本节课的主要内容；把菜豆种子和玉米种子的实验放在合作探究中，重点突出，并将两种种子的结构图放在一起进行比较，有利于学生思考；填写空格不多，能让学生在有限的时间内完成；学生的活动任务层次感强，从结构名称到结构功能，再比较两种种子的异同，进而结合前面章节的学习内容，思考孢子植物和种子植物的生存优势，层层递进，符合学生的认知规律；附加的植物种类和数量表格能提示学生种子植物的生存优势，而不是直接问学生为什么种子植物是优势物种，启发性强；在教师指导环节，借助多媒体教学的优势，让学生快速了解被子植物和裸子植物的含义；在反思总结阶段，画上植物分类表，益于学生从整体上看待种子植物的地位。

设计二和设计三各有千秋，可以互相长补短。例如设计三的训练提升的题目应该更精简；可以添加学法指导。设计二可以参考设计三的图表、流程、逻辑性问题设计，帮助学生高效学习。

（二）优化学案设计实践研究

1. 学案格式的优化

本书的学案格式优化升级两次，共有三种。

（1）文章格式

第一种导学案没有边框限制，打印时 A4 纸张正反两面打印。例如《免疫与计划免疫》的学案设计如下：

页眉：洪山区人教版《生物学》八年级下册第八单元第一章第二节《免疫与计划免疫》导学案编写：

审稿人：八年级备课组

课题：《免疫与计划免疫》导学案

学习目标：

1. 能说出人体的三道防线（重点）

2. 理解第三道防线与前两道防线的异同（重难点）

3. 了解免疫的功能和计划免疫的意义

学习过程：

自主学习：阅读教材关于免疫和计划免疫的内容（4 分钟）

1. _____ 和 _____ 构成保卫人体的第一道防线。它们不仅 _____ 病原体

的侵入，而且分泌物还有 _____ 作用。

2. 体液中的 _____ 和 _____ 构成了保卫人体的第二道防线。

3. 人体通过 _____ 产生 _____ 预防传染病的免疫功能是后天获得

的，只针对某一特定的 _____ 和 _____ 起作用，因此叫作 _____。特异性免疫是由

_____ 和 _____ 共同组成的第三道防线完成的。

4. 免疫的主要功能有 _____ 一、_____ 和 _____。

5. 计划免疫是根据某些传染病的发病规律，将有关的疫苗按照科学的免疫程序，

有计划地对儿童及青少年就行 _____，使其在不发病的情况下产生 _____，获得免疫力。

合作探究：阅读资料，思考讨论下列问题（18 分钟）

任务一：资料分析，人体的三道防线

1. 第一道防线：资料分析 1：为什么涂在清洁皮肤上的病菌会很快死亡？这说明皮肤具有什么样的功能？

2. 第二道防线：资料分析 2：病菌在什么情况下能够突破第一道防线，侵入人体内？人体的哪些组织器官中分布有吞噬细胞？

3. 第三道防线：资料分析 3：为什么出过水痘的人能够抵抗水痘病毒的侵袭呢？

任务二：小游戏，区分人体的免疫类型

1. 模拟第一道防线中纤毛的摆动

四人肩并肩排成一排，双手上举摆动模拟纤毛的摆动，篮球和排球分别代表两种病原体 A 和 B。两名同学从右边依次将篮球和足球投到四人手上，球被传到右边。

2. 模拟第二道防线中吞噬细胞吞噬病菌

四人手拉手围成一圈，模拟一个吞噬细胞，篮球和排球分别代表两种病原体 A

和 B。两名同学抱球站立，四人逐渐将球从外包裹进入圈内，模拟吞噬过程。

3. 模拟第三道防线中抗原和抗体的结合

一人抱纸盒，模拟人体内的抗体，篮球和排球分别代表两种病原体，记为抗原 A 和抗原 B。两人分别尝试将球放入纸盒上的洞内，模拟抗原和抗体的结合方式。学习小结：

表格比较人体的两种免疫类型的不同，请填写下表：

	非特异性免疫	特异性免疫
范围	机体对产生免疫反应	机体对产生免疫反应
特性		
形成		

任务二：计划免疫

查看下方表格中的疫苗，请在你接种过的疫苗旁打"√"

疫苗名称	预防疾病	是否接种
卡介苗	结核病	
甲流疫苗	甲型流感病毒	
乙肝疫苗	乙型肝炎	
脊髓灰质炎疫苗	脊髓灰质炎	
百白破疫苗	百日咳、白喉、破伤风	
麻疹疫苗	麻疹	
乙脑疫苗	流行性乙型脑炎	
水痘疫苗	水痘	

你认为计划免疫有什么意义？

展示点播：播放人体三道防线动画、免疫的功能动画、抗原抗体视频（3分钟）。讲解特异性免疫和非特异性免疫的区别（7分钟）

拓展应用：（5分钟）当腮腺炎病毒再次侵袭时，原来的抗体还能清除它们吗？某人注射过乙肝疫苗，在甲肝流行期间他有患甲肝的可能性吗？

反思总结（2分钟）

训练提升：（1分钟）

（1）下列皮肤的作用中，属于免疫作用的是（ ）

A.防止细菌侵入　　B.防止水分蒸发　　　C.感受外界刺激　　　D.调节体温

（2）吞噬细胞能吞噬病菌，这种免疫属于（ ）

A.人工免疫　　　　B.非特异性免疫　　　C.特异性免疫　　　D.自然免疫

（3）下列关于抗体的叙述中，不正确的是（ ）

A.抗体是人体淋巴细胞产生的一种特殊的蛋白质

B.感染 SARS 病毒康复后的患者体内可能存在 SARS 病毒的抗体

C.一种抗体可以针对多种抗原发挥特异性免疫作用

D.抗体是在抗原的刺激下产生的

（4）下列属于计划免疫的是（ ）

A.患过腮腺炎的人以后不再患腮腺炎

B.给刚出生的婴儿接种卡介苗

C.给肠炎患者注射青霉素

D.给山区人民供应碘盐预防甲状腺肿

页脚设计：学校（ ）七年级（ ）班姓名（ ）组次（ ）

（2）简表格式

后来学校统一用表格的格式编写导学案，例如《动物体的结构层次》的导学案（部分），采用表格的格式，更加简明，但是容量大大减少。

简便格式的表头如下：

表 5-6

课题	动物体的结构层次	形式		课型	新知探索课
时间		班级		姓名	
流程	具体内容				学法指导

学习流程包括：学习目标、重难点、独学、互学解疑、展示交流和课堂提升。

（3）纵向表格式

后来学校统一的所有学科的学案模式，称为"串学并展"导学案，采用 B5 纸张统一打印。学案开头设计有：学科、年级、编号、日期、主备人、审批人、学生姓名、班级、组名、激励语、课题名、教师导入、学习目标。

例如《光合作用吸收二氧化碳释放氧气》导学案（部分）：

学科：生物年级：七年级编号：NO.17 日期：2016/01/07

激励语：自古成功在尝试

课题：光合作用吸收二氧化碳释放氧气

后继内容以表格形式呈现，格式如下：

表 5-7

	自研自激	互探互激	展示共激	反思再激
导学流程	自主学习	合作探究	展示激疑	总结提升
	导学激思	互动激趣	评价激情	拓展激智

导学流程可以根据这节课的内容设置，例如《光合作用吸收二氧化碳释放氧气》这一节导学案的流程，可以分为探究实验、归纳总结、学以致用。

流程一，探究实验：光合作用的原料和产物

1. 比利时科学家海尔蒙特的实验：

注：他每天用雨水浇灌

现象：柳树苗由 2.5 千克增重到 80 多千克思考：他是否忽略了其他因素呢？

结论：是合成柳树体内的原料之一。

2. 英国科学家普利斯特利的实验：

现象：把燃烧的蜡烛放在密闭的玻璃罩里，蜡烛把小白鼠放在密闭的玻璃罩里，小白鼠

把蜡烛和植物一起放进去，蜡烛

把小白鼠和植物一起放进去，小白鼠

思考：蜡烛燃烧和小白鼠生存需要什么气体？

蜡烛燃烧和小白鼠生存会消耗什么气体？

结论：植物能够更新由于蜡烛燃烧或动物呼吸而变得污浊了的空气。

3. 二氧化碳是光合作用必需的原料吗？

介绍：氢氧化钠溶液能够吸收二氧化碳

提示：尽量设计对照实验，保证实验中只有二氧化碳一个变量思考：我可以如何设计实验？请推测

自己的实验现象和结论

现象：

参考装置：

结论：二氧化碳（是／不是）光合作用必需的原料。

4.用金鱼藻做的实验：

提示：金鱼藻在阳光下是否放出了气泡？

操作：将快要熄灭的卫生香伸进试管口内。

现象：

结论：光合作用产生了

光合作用的示意图：

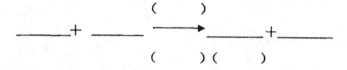

流程二，归纳总结

	光合作用
部位	
条件	
原料	
产物	
能量转变	

流程三，学以致用

光合作用原理在农业生产上的应用

参考生物教材的内容，结合光合作用的条件和原料，思考：可以采取哪些措施提高农作物的产量？

以上三种学案格式各有优劣。文章格式能容纳的教学内容最多；简表格式最为简单明了；纵向表格式更加完整和规范。本书更倾向于纵向表格式。

2.课本内容的整合

当教学时间紧，前后内容衔接密切的情况下，可以用一张导学案编写2至3课时的内容。这样既能节约打印成本、节省纸张，又能在有限的时间内完成教学任务。

例如《开花和结果》这节内容，额定课时为2课时。但是花的结构与果实的形成密切相关。为了学习内容前后呼应，可以用一张导学案容纳2课时的内容。这也对教师提出了更高了要求，必须仔细考虑设问，突出关键问题，删减附属内容。

3. 优化学案的实践

本书统计了 7 至 12 班学生在学案优化前后的完成情况和正确率，结果如下：

表 5-8　学案优化后完成情况前后对比表

班级	人数	上交份数	上交学案中学案完成百分比	学案各层分数所占人数百分比							
				< 60		60—70		70—80		≥90	
				前测	后测	前测	后测	前测	后测	前测	后测
7	48	42	86%	17.1%	6.5%	7.3%	4.3%	12.2%	10.9%	63.4%	78.3%
8	45	44	80%	20.5%	17.8%	13.6%	13.3%	22.7%	15.6%	43.2%	53.3%
9	46	40	80%	16.7%	15.2%	6.3%	10.9%	16.7%	6.5%	60.4%	67.4%
10	57	54	88%	5.3%	8.9%	5.3%	1.8%	17.5%	7.1%	71.9%	82.1%
11	56	50	86%	12.7%	10.1%	6.3%	12.9%	21.4%	13.3%	59.6%	63.7%
12	48	48	83%	18.9%	16.3%	6.4%	5.7%	26.0%	21.2%	48.7%	56.8%

由表格数据分析得知，优化导学案之后学生上交的导学案更多、正确率更高。

第六章 初中生物探究性实验教学创新设计与实践

第一节 探究性实验教学概述

一、初中生物探究性实验教学现状调查

（一）调查目的

新课标强调倡导探究性学习，力图改变学生的学习方式，引导学生主动参与、乐于探究，培养学生分析和解决问题的能力，培养学生交流与合作的能力，突出学生实践能力和创新精神。为了了解初中生物学探究性实验教学的现状，对今后的教学提供一定的参考，本书特进行了此项调查。

（二）调查对象

为了能够真实、全面地反映实际情况，我们分别从教师和学生两个层次进行了问卷调查。教师涉及学校的初二生物教师 38 人，12 名生物实验室管理人员，初二学生 116 人。选择初二的教师和学生的原因是：他们上过一年的探究性实验课。

（三）调查方法和内容

主要采用问卷调查法（调查问卷见附录 5-3），并辅以座谈会的形式。

调查问卷 1：探究性实验开展的情况，包括实验课的授课方式，不开展的主要原因等。

调查问卷 2：教师对探究性实验的研究，包括对实验材料的改进，实验方案的创新，课程设置的优化等。

调查问卷 3：对探究性实验教学的认识，包括教师卷和学生卷。教师卷包括探究性实验教学的意义，探究性实验中遇到的困惑，评价方式，对实验的改进和创新等。学生卷包括学生对探究性实验的认识，学生目前科学探究能力，学生对探究实验的创新和改进，喜欢的评价方式等。

座谈会：通过和初二 38 名生物教师、12 名生物实验管理员进行交流，了解目前探究性实验教学中存在的问题，如实验设备材料、实验课的设置等，及他们对一些探究实验改进创新的方案。

二、初中生物探究性实验教学调查结果及分析

（一）探究实验开展的情况不容乐观

表 6-1 探究性实验的开展情况

开展较好的探究实验	开课率	开展较差的探究实验	开课率	开课率差的原因
光对鼠妇生活的影响	73.2%	植物对空气湿度的影响	0	认为没有意义，而且很麻烦，需要在室外做实验

开展较好的探究实验	开课率	开展较差的探究实验	开课率	开课率差的原因
环境对种子萌发的影响	80.3%	根的什么部位生长最快	0	不影响教学成绩，只让给学生明确结论就可以
测定种子的发芽率	79.6%	二氧化碳是光合作用必需的原料吗？	1.8%	缺乏实验材料和设备，而且这个实验需要的时间较长，而且成功率较低
探究植物的呼吸作用	71.2%	测定某种食物中的能量	1.4	不变组织，而且有一定的危险性
馒头在口腔中的变化	76.5%	采集和测算空气中的尘埃粒子	1.9%	教师指导能力有限，自己从来没有做过

通过调查得知，探究实验开展较好的有光对鼠妇生活的影响、环境对种子萌发的影响、测定种子的发芽率、探究植物的呼吸作用、馒头在口腔中的变化等实验，原因是取材方便，而且实验器材组装简单，与生活密切联系，学生也感兴趣，所以进行自主探究有较强的可行性。探究实验开展不好的有植物对空气湿度的影响、根的什么部位生长最快、二氧化碳是光合作用必需的原料吗、采集和测算空气中的尘埃粒子等实验，原因是实验是否进行不影响成绩，很多教师认为：只要让学生明白实验的原理，针对考试中经常考的知识点给学生讲清楚就可以了，做实验要浪费很多时间，导致课时不足，完不成教学任务。还有一些实验，是因为缺乏实验材料和设备，操作过程有一定的危险性，不便操作。也有个别实验教师也从没有做过，认为自己的指导能力有限，也是导致实验不能正常开展的一个原因。

（二）教师不重视对探究性实验的研究

根据调查表 2 分析，整个初一和初二上册的探究实验中，教师对探究实验进行改进和创新的有：

表 6-2

改进或创新的实验名称	创新的地方
光对鼠妇生活的影响	材料改进，鼠妇改为黄粉虫，铁盒改为取材方便的纸盒、矿泉水瓶子等
环境对种子萌发的影响	材料改进，也是改为取材较方便的材料
馒头在口腔中的变化	装置进行改进，水浴加热改为在口腔内完成

经过调查分析发现，教师对探究实验的研究情况不容乐观，大多都是按照课本上的方案进行操作，很少进行改进和创新，由此可以看出教师不重视对对探究实验的研究。

（三）探究实验的授课方式和评价方式比较单一

探究实验的授课方式和评价方式调查结果见表 6-3：

表 6-3

调查内容	项目比例
1.教师当前的实验教学方式	讲授为主（47.3%）模仿操作（47.5%）探究创新（15.2%）
2.学生喜欢的实验授课方式	讲授为主（5.3%）模仿操作（42.6%）探究创新（52.1%）
3.常用的探究教学评价方式	教师评价为主（78%）学生之间相互评价为主（13.6%）学生自评为主（8.4%）
4.对现行的实验教学评价方式满意吗	喜欢（8.9%）一般（59.4%）不喜欢（31.7%）
5.你学校对探究实验的考查或考核形式是什么	试卷理论考试（100%）试卷理论考试和实验操作结合（30.6%）、认为学生对实验创新展示占很重要的地位（2.3%）

调查结果显示，实验教学方法和评价方式比较单一，学生们对现行的上课方式和评价方式也不满意。教师的教学方式过分机械化，不管是探究性实验还是验证性实验，都按"告诉学生——学生模仿操作——得出结论"的模式来完成，这样的课堂进行的会很顺利，老师也很容易管理课堂，学生对实验步骤也掌握得很好，通过老师的讲解，学生对实验中出现的问题也很明确，能很好地应付考试，但这样限制了学生的思维，不利于学生创新意识和创新能力的培养。

目前，在探究性实验方面考核学生的方式一般有两种：一是书面形式（试卷），为了考查学生对实验的理论知识的掌握；二是操作观察，为了考察学生的实验操作技能。在调查中，100%都通过试卷理论考试来考查学生，有30.6%的学校还加上实验操作实验来考查学生，做到了理论和实验操作相结合，但只有2.3%学校认为学生对实验创新展示占很重要的地位。由此我们看出，书面形式的考核被大多数教师认可，因为它简便、省时，易操作。但其局限性也是显而易见的，无论通过什么形式进行改进，试卷设计的多么合理，都不能整体、全面的反应学生的实验水平，学生的操作技能水平及实验态度和习惯也得不到体现。这种考核方式过于单一，就引不起教师和学生对实验课的重视，就会出现这样的情况：本应该学生自己设计的实验，教师为了节省时间就教学生做，学生去模仿完成实验；本应该学生操作的实验，教师用演示代替，甚至教师只讲了讲理论和实验中会出现的问题，来应对考试，不让学生去操作。在这种情境下，即使是上实验课学生也会投机取巧，不踏踏实实地去研究和操作实验，认为做与不做实验差不多，这样学生的实验态度和习惯很差，就背离了实验课设计的目的。还有很多学校即使是加上实验操作评价，也是为了应付检查，让学生们机械性的进行反复训练，学生的动手与动脑脱节，这样不仅不能激发学生探究的欲望，更不用说培养学生的创新意识和创新能力。

（四）实验教学观念与素质教育思想不同步

在发放的50份调查问卷中，有70.6%的老师认为探究实验教学的意义是对理论知识的巩固和补充，同样也有74%的人也认为是为了培养学生的操作技能，但仅仅有3.1%的老师提到探究实验教学要注重培养学生的创新意识和创新精神。通过以上调查表明，很多老师把实验课看成是理论课的补充，轻过程重结果、轻能力重知识。如在"绿色植物在光下制造淀粉"的实验中，课本上实验步骤很明确，老师就要求学生记住课本上实验步骤，或通过视频让学生直观了解实验步骤，然后按课本上的实验步骤进行操作，甚至有些老师怕"酒精隔水加热"这一步出现危险，让学生把实验装置简单组装一下，没有让学生动手进行实验操作。因为这是个经典实验，在考试中出现的知识点很多，所以老师会把大部分时间放在知识点的讲解分析和运用上，忽略了培养学生获取新知识的能，忽略了培养学生分析和解决问题的能力，忽略了培养学生的创新精神和实践能力。

（五）实验教学安排、管理不合理，扼杀学生的创新思想

目前实验课与理论课一样都是大班额上课，五六十个人在一起做实验。调查结果显示，大部分学校都是4~5人一组做实验，好的是2人一组，这样就会造成学生看的多，动手操作的却少。由于人多，教师也只能是走马观花地指导实验，经常是学生还没明白怎么回事，就该下课了。一次实验课下来，教师累得够呛，学生还没学到什么，实验效率很低。在大班额的实验课上，由于看得多，做得少，课堂上就会出现有的同学在嬉戏打闹，导致课堂纪律混乱。最让老师头疼的问题是纪律，是对学生的管理，正因为实验课上的少，学生到实验室感到很新鲜，什么都想摸什么都想动，老师就要花费大量的精力来管纪律，要求学生正襟危坐，不要乱动，按老师的要求来操作，甚至老师演示一步学生跟着操作一步，学生只动手却不动脑，只是进行机械性的操作。这就扼杀了学生的尝试欲望，使学生们服从意识有余、创新思想却不足。

第二节　探究性实验教学的创新设计

一、探究性实验设计的创新

（一）探究性实验教学的一般过程

初中生第一次接触的探究实验是"探究光对鼠妇生活的影响"，在这里教材明确指出了实验探究的一般过程，从发现问题、提出问题开始，提出问题后可根据自己已有的知识和生活经验，尝试着对提出的问题做出假设。然后设计实验方案，包括材料的选择、实验装置的组装、设计实验的基本步骤等。按照设计的实验方案动手进行探究，从而得出结果，根据看到的现象或得到的数据来分析得出的结果是否与假设相符合，从而得出结论。当然在得出结论之后还要对整个探究过程进行交流和反思，分析实验的一些注意事项或分享实验的创新点，使实验的过程更加完善。总的来说在初中生物课堂上，生物探究实验基本过程包括提出问题、做出假设、制定计划、实施计划、得出结论、表达和交流六个部分组成。

1. 提出问题

在初中阶段，一般是老师创设问题情境，由学生提出具体的问题，学生可能根据老师创设的问题情境提出不同的问题，这样就可以分成若干组探究不同的问题。

老师创设情境：

生物兴趣小组的同学在打扫学校仓库的时候，发现墙角潮湿的拖布和扫帚下面有许多鼠妇。

学生提出问题：

①鼠妇喜欢潮湿的环境吗？

②鼠妇喜欢阴暗的环境吗？

提出了不同的问题，可以把学生分小组进行讨论探究。

2. 做出假设

假设是对实验结果的预测。它是提出问题后，学生根据已有的知识和生活经验，在观察的基础上，尝试着对这一问题的答案做出假设。这与毫无根据的臆测不同，它是可以被检验的。在这个过程中，教师鼓励学生大胆设想，充分发挥小组的力量，积极思考、相互交流。

3. 制定计划

制定计划也就是实验设计的方案，根据实验目的和要求来设计实验装置和操作步骤。在这个过程中，学生自己选择材料、组装实验装置、设计方法步骤，并且能对实验过程中可能出现的问题进行预测，从而论证实验的可行性，然后通过实验检验假设是否成立。

4. 实施计划，完成实验

由学生独立操作或小组合作完成实验，检验所作出的假设是否正确。

5. 得出结论

学生根据实验现象或实验数据，来推测得出实验结果，分析所得的实验结果是否与假设相符，从而得出结论。在这个过程中，教师和学生共同总结，并通过文字描述、示意图、数字表格、曲线图等方式来完成实验报告。

6. 表达和交流

在教学中，全班同学可以分小组汇报他们的探究过程和结果。对各组的数据处理求平均值，然后分析得出结论。在这个过程中，主要的收获是小组内提出探究过程中出现的问题，全班来讨论解决，也是分析问题解决问题的过程。

在教学理论和实践当中，有人提出与上面六步法不一样的模式：

第一步，通过观察发现问题、提出问题。第二步，做出假设（鼓励学生对发现的问题大胆提出猜测和解释）。第三步，设计实验，验证假说。在这个阶段，实验的目的、任务、方法、材料、装置等都是根据假设来确定的。第四步，分析、讨论实验结果，推导结论验证假设的真伪。

（二）探究性实验设计的基本思路

探究性实验设计的基本思路如下图 6-1 所示：

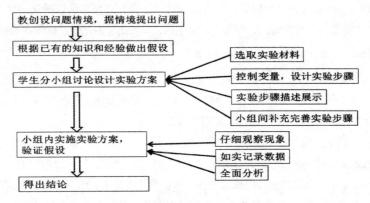

图 6-1　探究性实验设计的基本思路

在设计实验时，首先要明确把握实验目的，严格遵守实验原理；对实验材料和装置要认真研究和琢磨；合理设计实验步骤、精心设置实验装置（注意控制和消除无关变量，设置对照，保证变量唯一）；操作过程中要注意连续性和连贯性，仔细观察实验现象，并进行详细记录；对数据和现象进行认真分析和全面讨论，从而得出结论。当然，如果实验现象和处理的数据能验证假设的合理性，如果不合理，就要分析整个实验过程，找出问题并解决问题，重新设计实验和操作实验。

（三）探究性实验设计的基本策略

1. 了解实验设计的基本原理，明确实验设计目标

实验设计是进行科学探究的关键步骤，也是学生动脑思考、发散思维的过程，当前素质教育在探究性实验教学中也得到了具体的体现。实验设计是指实验者根据一定的实验目的和要求，运用有关的科学知识、原理，有创造性地自行设计出新的实验方案，并能独立地根据实验方案来处理相关的实验问题。

为了提高学生的科学探究能力，对近几年中考生物实验题分析，对实验设计和完成实验设计能力的考察已经作为一项十分重要的内容，因此，首先要让学生了解实验设计理论的内容，一个完整的实验设计方案如图 6-2 所示。

图 6-2

根据上述的理论和已有的知识，教师可引导学生掌握简单的实验设计的内容、方法，学会科学的实验设计。

2.掌握实验设计的基本原则，培养学生科学的设计方法

在生物实验教学中，教师要让学生放开手脚，允许他们自主设计实验探究过程，但在实验设计的过程中，需要让学生掌握实验设计的基本原则。

①主体性原则。"教为主导，学为主体"是新课程倡导下的教学方式。实验设计要关注学生的自主性，教师应把学习的主动权交给学生，放手学生自主学习，自主设计实验，让学生在学习中善于发现问题解决问题，设计具体的实验方案，并实施方案进行验证。

②科学性原则。实验目的要明确，实验材料和实验手段的选择要恰当，整个设计思路和实验方法不能违背生物学基本原理和其他科学原理。

③指导性原则。实验设计是一个构思、磨合、实现的过程，思路应该以所学的概念、原理、规律等知识作指导，教师不能指挥学生去做，更不能代替学生做，应当让学生充分发挥各自的能力进行实验设计。

3.拓展实验思路，引导学生进行自主实验设计

实验设计是面向全体学生，确立学生学习的主体地位。在实验教学中，首先应尊重学生的主体地位，相信学生是"有想法、有个性、有创造力"的学生；其次，要创设民主平等的气氛，善于启发和指导学生动脑动手，引导学生正确地分析思考问题，探索知识。

①开放实验室，给学生充分自主空间，发挥学生主体地位。实验室是实验教学的主要场所，而开放实验室更是以学生为主体的自主活动。开放实验室就是让学生动进来，按自己的要求，自己的实验课题，自己的实验设计提出申请，由实验室提供仪器材料，实验教师协助完成的一种教学模式。如在学习了《显微镜的使用》这一节内容，除了完成教材规定的实验内容外，本书还让学生准备了不同的实验材料，比如自己的头发、随手可捉的小虫，叶片等等，他们兴味盎然地在显微镜下"乱"做一通，有学生惊奇地发现："哎呀，我的头发会这么粗的？""哇，怎么我的头发一端开叉了，在显微镜下好像一条叉路似的？"

"小虫身上有这么多毛！"另一个同学很气恼地说："蚊子在显微镜下是这么大的，原来是用这根'针'来吸我们的血！"……同学们七嘴八舌地说出自己的发现，让学生更多地体会到实验成功的喜悦，充分满足学生的好奇心，激发学生探究学习的兴趣，也收到较好的教学效果。

②把部分实验改为探究性实验，充分发挥学生的自主思维。在实验课上，学生仅仅根据课本中提供的材料、装置、步骤进行模仿操作，难免限制了学生的思维。每次实验课，学生都会有各种各样的想法，会提出种种问题，通过全班的讨论得出不同的结论，有时甚至是错误的结论，但学生的思维也得到了发散。在这样的课堂上，教师要肯定学生的想法，尊重他们，鼓励他们发言，不能因为说错而打击他们的积极性。所以，除了完成课本实验外，还要鼓励学生进行一些探究性实验。如验证《叶片正面和背面的气孔一样多吗》，除了课本上的热水产生气泡外，学生进一步采用涂凡士林堵住气孔的方法来探究，效果也不错。

4.巧挖教材，强化训练，提高学生实验设计能力

现在的试题不再是直接考察书本的现有知识，更重要的是考查运用已有的知识解决实际问题的能力，要求学生会分析相关的资料、设备和技术。从方法的选定、步骤的具体化、采用适当的方法控制变量和设置对照来考查学生。所以，在教学过程中，巧挖教材，从不同角度，增加一些相关的实验设计内容，进行训练和拓展，通过进一步探究设计，不仅满足学生的探究兴趣，还能提高学生实验设计的能力。

①实验过程出发进行实验设计。实验过程主要指实验设计的方案及实施过程，包括此材料的选择、器材组装、方法步骤等。生物教材中大都提供了具体的实验材料和具体的方法步骤，教师要提醒学生不能简单地去模仿课本，要引导学生思考和分析实验步骤中隐含的科学方法，了解实验的思维过程，进一

步提出探究性的问题。其次，教师也可以帮学生提出问题，让学生自行设计实验，主动探究，通过动手操作和观察记录，分析结果得出结论。如寒假时布置作业生豆芽，并记录出操作过程和现象，让学生推测种子萌发需要哪些条件，答案有：水、温度、空气、肥料、光照等，开学后进一步让学生选择影响种子萌发的因素分小组进一步探究，把主动权交给学生，他们自己设计实验，由于实验简单，此实验就在教室完成，也便于学生观察记录，课上经过小组展示和交流探究结果，从而得出种子萌发所需要的环境条件。通过一系列的探究活动，让学生走出教材，学生通过的自主探究，从中学会分析和研究，从中获得体验。最终使学生形成：提出问题→做出假设→设计实验方案→探究过程→得出结果→分析评价实验设计的方法。

②利用实验习题进行实验设计。实验设计题都是以课本中的知识点为依据的，这样既能考查学生的基本知识，又能使学生在设计实验时不至于无从下手。

5. 体会与反思

探究式实验设计模式是素质教育的具体化和深化，它有利于充分调动学生学习的积极性，把学习的主动权交给学生，使学生成为教学过程的积极参与者，真正体现教为主导，学为主体。在具体实施中，我们还应注意以下几点：

①在实验过程中，让学生勤于"动脑想"，不要局限于课本的实验探究，鼓励学生在日常生活或学习中勤动脑想问题，发现问题。②鼓励学生大胆"动手做"，让学生在动手操作过程中加深对知识的理解。③培养学生"动口说"，在探究过程中多给学生提供讨论、交流、展示的机会，真正体现以学生为主体的教学模式。

二、探究性实验教学评价的创新

（一）评价过程中存在的问题

教学评价是教学过程中不可缺少的一部分，评价是否到位、是否合理直接关系到学生学习生物学的兴趣和学生能力的发展。目前，在学生评价方面还存在很多问题：在评价内容上，注重知识评价，忽略对学生能力和情感价值观的评价；在评价方式上，教师评价为主，忽略学生间的评价；在评价标准上，共性多，个性少；在评价主体上：消极被动多，共同参与少；在评价重心上：重结果，轻过程。

（二）评价原则

（1）评价内容多元化。探究性实验教学评价不同于一般的课堂教学评价，不能把目光锁定在学生对知识的掌握上，卷面分数不能作为评价学生的唯一标准。评价内容要多样化，如学生的探究能力、学生的合作能力、学生的实验技能、学生的处理数据的能力等，从多方面来评价学生，不仅要重视知识的评价，关键还要关注学生各种能力的评价和情感价值观的评价。

（2）评价方式多样化。探究性实验教学中，不能以教师评价为主，要根据评价的内容来确定评价主体，可以是教师、课代表、组长、学生、家长，可以是师生评价、学生自评、生生互评、、组内互评、组间互评等，其评价方式可以通过口头或书面评价表等形式来呈现。

（3）评价标准多维化。评价过程中，既要注重一些常规的评价，还要根据学生的特殊表现制定一些个性化的评价标准，如学生的语言表达、学生的合作、学生的质疑、学生的创新等，从多方面找到学生的亮点，使评价在教学中起到正面导向的作用。

（4）评价要科学易操作。实验教学要能反映实验教学目标和实验教学规律的特殊性，测量的指标、方法、步骤等都要有一定的理论和实践基础。评价方案要切合实际，既规范又实用，各项评价内容及标准便于理解和实施。

（5）评价过程要动态。探究性实验教学是个动态变化的过程，我们不仅要注重对是实验结果的评价，关键是对实验过程中学生的表现和能力做出评价，要把终结性评价和形成性评价有机地结合起来，将评价贯穿于整个活动中，包括课前准备如发现问题、搜集资料等；课堂表现如动手能力、处理数据、表达交流等；课下活动如展示效果、进一步探究创新等，这样才能客观、全面的对学生做出评价。

（三）评价方案

①首先要制定一套完善合理的评价体系，要有具体的评价标准，是评价能贯穿于整个实验教学，能全面、公平、公正的对学生做出评价。

②评价不能以学生是否顺利、正确地完成实验为标准，要重视过程中学生的表现和能力，能反映学生在探究过程中的应变能力如发现问题及时解决问题的能，更要关注学生对实验的进一步探究和创新方面技能。

③实验评价成绩包括平时的实验平均成绩和期末实验操作及探究活动成绩。其中平时实验成绩占主要部分（70%），期末测评成绩为辅（30%）。如果这一学期以来，参加实验技能比赛或实验创新大赛获奖，要根据等次来加分。（一等奖加30分，二等奖加20分，三等奖加10分）

④成立实验小组，设置多种评价表，实现学生自评、小组互评、教师共评。评价量化标准要具体合理，对学生实验报告，要体现对实验探究过程的思考、解决策略、反思和总结，要体现小组内和小组间交流反馈的成果。

⑤实验评价结果要及时反馈给学生，不能用一个分数来说明，要用评语详细表述，而且要以肯定性评价为主，让学生看到自己在活动中的收获和进步，激发学生探究兴趣，培养学生探究的自觉性。

（四）评价量化表

表6-4　生物实验课堂评价量化表

实验名称：＿＿＿＿＿＿＿＿＿＿

＿＿＿级＿＿班	姓名	日期	总分
实验目的	明确	一般	不明确
	10	8	5
实验步骤	熟悉	知道	不太清楚
	10	8	5
组分工明确，小组合作	好	一般	差
	10	8	5
独立操作能力	强	较强	不强
	10	8	5
实验实施	提前完成	按时	超时
	10	8	5
建议改良方法即创新（一个创新点加10）			
总分			

表6-5 自我评估表

	学生姓名：日期：_____
1.探究的问题是什么？其价值是什么？	
2. 你的探究思路及方法	
3．探究结果与假设是否相符，探究过程中发现什么问题？	
4. 是如何解决探究过程中出现的问题？	
5. 我最不满意的是什么，如何改进和创新的？	

表6-6 同伴评价活动表

	被评价人姓名：评价人姓名：_____
1.在探究过程中，哪方面能力表现突出：	
2.对本探究活动做出的独特贡献是：	
3.探究过程中他发现什么问题，遇到什么困难：	
4.为解决探究过程中出现的问题，提供了哪些好的建议和创新点：	
5.通过与他的合作，我获得的最大收获是：	

表6-7 生物课外实验探究综合评价表

	评价内容	自我评价	合作者评价	教师评价	分数合计
问题的提出	探究问题是否有意义、有价值（2）问题特别新颖，能解决实际问题，教师决定是否再加2分				
制定计划	为提出问题和做出假设，查阅了资料，资料丰富，并和同学共享（2）				
	在本班内找到了合适的合作者（2）				
	针对提出的问题，与合作者充分讨论交流，制定出初步探究方案（2）				
	探究方案详细、明确，可操作性强的，教师决定是否再加2分				
实施计划过程	与合作者分工合理、合作愉快(2)承担了主要任务，有完成任务的记录再2分				
	探究过程中能及时发现问题（2）				
	并通过多种手段如查资料、讨论等，及时解决问题，使实验更完善（2）				
	探究问题与假设相符，实验成功（2）				
	对实验加以改进和创新（每创新点加2分）				

评价内容	自我评价	合作者评价	教师评价	分数合计
能否根据实际情况，修改完善探究实验报告（2）				
完成了探究成果交流活动（2）				
采用多种展示方法，使展示效果直观、明确（2）				
成果通过网络或在校外发表，值得推广的加4分				
有继续探究的计划（2）				
总计				

成果交流

其中30分评价为超优秀，24～30分为优，18～24分为良，18分以下尚需努力。

三、探究性实验教学创新设计案例

（一）案例一：探究性实验系列化的重组创新

1. 实验目的

（1）培养学生重组实验的技能。

（2）培养学生创新实验的意识。

2. 实验仪器及用品

玉米种子、培养皿、烧杯、试管、酒精灯、火柴、滤纸、黑纸盒、研钵，镊子、棉球、黑白塑料袋、碘液、清水、双缩脲试剂、土壤浸出液，食盐、干电池、食醋，乙醇。

3. 实验操作

（1）探究种子的成分

取部分玉米种子放在试管内，然后在酒精灯上烘烤，试管壁上出现水雾，证明里面有水，然后再烘烤，最后种子死亡，倒入培养皿备用，取其中一粒，用解剖针穿住，继续在火上烤，直到变成灰白色，证明无机盐存在，然后把其中一粒剖开，把胚取出在滤纸上挤压，出现油迹证明含有脂肪，在胚乳上滴碘液变蓝，证明淀粉存在。

（2）观察种子的结构

选择相同的玉米种子若干，均分成8组（标记1.2.3.……），用水浸泡一段时间，然后取1组发给同学们进行观察种子的结构，传统观察玉米种子的做法，首先把种子进行纵剖，然后滴加碘液，来区分胚乳和胚。我们采取的方式，先剥去种皮，然后挤压白色区域，使胚乳和胚自然分开，再轻轻揉挤胚，可以使子叶分离出来，同学们很容易区别胚乳和胚，也能很容易的认识子叶的数目只有一片，如图所示，破坏胚的种子留着备用。

（3）探究种子萌发条件（图6-3）

图　6-3

表 6-8

组别 （每组 50 粒）	适宜温度	充足空气	一定水分	光照	种子萌发数	原因（结论）
1 号	√（25℃）	√	√	√		
2 号	×（冰箱）	√	√	√		
3 号	√（25℃）	×	√	√		
4 号	√（25℃）	√	×	√		
5 号	√（25℃）	√	√	×（罩黑塑料袋）		
6 号 （烘烤而死）	√（25℃）	√	√	√		
7 号 （去掉胚）	√（25℃）	√	√	√		
8 号	√（25℃）	√	酸雨	√		
9 号	√（25℃）	√	废旧电池浸出液	√		

（4）探究种子的发芽率

一段时间后统计每个培养皿中的种子发芽数，分析出种子的萌发所需要的外界条件，求发芽率（可取全班 1 号的平均值）。

（5）探究植物的向旋光性

选取萌发相同的玉米种子 6 粒，分成两组，放在两个新培养皿内，一组用凿上孔的黑纸盒罩住，另一株用全黑纸盒罩住，一段时间观察生长方向，分析原因，得出结论（图 6-4）。

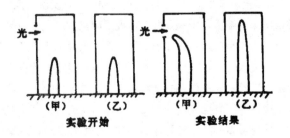

图6-4

（6）观察记录根尖的结构和生长

把刚才测生长素的 6 粒玉米的根，在距离根尖 2.5 毫米处用记号笔 8 条等距离的横线，培养 2 天后，观察各部分的生长速度，判断伸长区，然后用肉眼和放大镜观察根毛，制作根尖的临时装片，观察根尖四个区的特点。

（7）探究植物的生长需要无机盐和土壤酸碱度对幼苗生活的影响

取四试管幼苗，一试管一直用蒸馏水，另一试管用土壤浸出液培养，一段时间观察幼苗的长势，第三只试管家土壤浸出液和食醋。第四只试管架土壤浸出液和食盐。

（8）探究光对叶绿素形成的影响

与上组实验同时，另两组幼苗一组用黑塑料袋包裹住叶片，另一组用白塑料袋包裹住叶片，放置在相同适宜环境下，一段时间观察叶片颜色，黑色塑料袋包裹的叶片变成黄白色，白色塑料袋包裹的仍然是绿色。

（9）观察植物的光合作用、呼吸作用和蒸腾作用

一段时间后所照塑料袋会膨胀，把燃烧的木条放入黑色塑料袋内，现象熄灭，证明叶片呼吸作用产生大量二氧化碳，把带火星的木条接着放入白色塑料袋内，木条复燃，证明叶片光合作用产生大量氧气，同时塑料袋内有大量水珠，证明蒸腾作用作用产生水。

（10）观察叶片结构

可以撕去表皮观察表皮细胞和保卫细胞气孔，做叶的横切观察叶片结构，做茎的横切了解茎的结构等等。

（11）提取叶绿素，做一系列实验。

把取下的叶片收集，然后放在研钵内捣碎，用解剖针在滤纸条 lcm 处画线，然后浸入 95% 酒精中，注意酒精不要没过画线。一段时间后，出现四条色素带，从上到下分别是胡萝卜素、叶黄素、叶绿素 a、叶绿素 b。

4. 实验创新点及其意义

（1）材料易得，节约成本

玉米廉价易取得，过去总是做过一个实验材料就扔掉了，过一段时间，在做其他实验时再取材，现在用少量的玉米种子做出一系列的实验，避免原料的浪费，器材的浪费。

（2）整合实验，节约时间

这样进行一系列实验，最关键的是节约了时间，过去做根的实验，做无机盐的实验，做光对叶绿素的影响等实验，每个实验都是从种子的萌发开始，所以都要重复很多次前面的工作，浪费了很多时间。现在连续做实验，避免进行重复实验性的实验步骤。

（3）改变思想，创新无限

用玉米进行一系列的实验，看似非常简单，但实际上，意义深远，它构建了一种生物学思想，那就是任何生物都有可能完成生物学上一系列的基本实验，避免建立一种错误认识，做一种实验用一种材料，如：做表皮就用洋葱，做认识保卫细胞就用蚕豆叶，做种子萌发就用豆子，提取叶绿素就用菠菜等等。用一种材料做一系列的实验，不仅是玉米，比如土豆即可探究无性生殖，又可观察细胞，又可以观察淀粉粒，又可以做细胞的吸水和失水实验，在很多动物实验中也可以用这种思想。在取材方面，我们还充分利用了大蒜，把几头大蒜用铁丝穿起来放在一个容器里，让学生体会无土栽培的含义，在大蒜生长的过程中，切取根尖观察其结构，并同时探究根的生长，等长出蒜苗后，可设置对照探究叶绿素的形成与光有关，探究植物的向旋光性等一系列的实验。比如，挖一条蚯蚓，可以观察外形，还可以探究在不同材料上的运动速度，还可以探究蚯蚓对光和刺激的反应，还可探究蚯蚓的无性生殖，探究对土壤的影响

等等。任何科学家的任何实验设计都是从无到有，每一次的实验设计都是一种创新，因此从大的角度着眼，建立不拘泥于课本实验，不拘泥于权威实验，勇于提出质疑，善于创新，现在形成一种改进实验习惯，将来就可能成为一个创新的人才。

（二）案例二：探究性实验具体方案的创新

以"探究二氧化碳是光合作用的原料"为例。

1. 实验目的

（1）探究二氧化碳是不是光合作用的原料。

（2）培养学生创新实验的意识。

2. 实验仪器及用品

烧杯（锥形瓶）2个，橡皮塞2个，玻璃管（或吸管）1个，金鱼藻（或其他水藻），石蕊试液，清水。

提示：石蕊试液是一种酸碱指示剂，在酸性溶液中呈现红色，在中性溶液中呈现紫色，清水呈中性，滴加石蕊试液呈现紫色，在清水中通入二氧化碳，形成碳酸，溶液呈现酸性，紫色石蕊试液变成红色。加热红色溶液，碳酸分解成二氧化碳和水，二氧化碳溢出，溶液变成紫色。

加热前　　　　　　　　　　加热后

图 6-5

3. 实验操作

（1）制备溶液。取250ml烧杯（或锥形瓶），加入100ml清水，然后滴入3ml石蕊试液，溶液呈现紫色，然后用玻璃导管（或吸管）向烧杯内吹气（通入二氧化碳），溶液逐渐变成红色，备用（如图6-6a，图6-6b）。

（2）对照比较。然后取两只75ml试管，标号甲和乙，分别向甲乙两试管内加入适量红色制备溶液，甲试管内加入适量金鱼藻（或其他水藻），乙试管不放金鱼藻，然后分别塞上橡皮塞，同时放置在阳光下几小时（图6-6c）。

（3）观察变化。几小时后，观察颜色的变化（图6-6d）。

（4）推断结论。乙试管内的溶液还是红色，而甲试管内溶液逐渐由红色变成紫色，说明甲试管内溶液中二氧化碳没有了，容器密闭且溶液中只有绿色植物，因此二氧化碳只能被植物光合作用吸收了，进而说明二氧化碳是光合作用的原料。

a. 刚刚滴入石蕊试液清水，为紫色；b. 向滴入石蕊试液清水内吹气，溶液变成红色。

c. 在红色溶液中加入金鱼藻；d. 光照射金鱼藻 6 小时后溶液的颜色变成了紫色。

图 6-6

4. 实验创新点及其意义

表 6-9

旧实验	新实验
1. 旧实验装置复杂，材料多 传统的实验器材很多，有 16 种，天竺葵要买	**1. 创新的实验装置简单，材料易找** 改进的实验装置简单，器材少。一共 6 种，水草河流水池里很多。

旧实验	新实验
2. 旧实验操作繁琐，耗时长，必须在实验室进行	**2. 创新实验操作简单安全，耗时少，场地不受限制**

传统的实验，操作步骤非常繁琐，且酒精脱色一步耗时长，因此，绝大多数老师，只选择设计实验，而不实际操作，又因为酒精易燃，存在一定的安全隐患。因此实验只能在实验室进行，老师要全程指导。

创新的实验，不但操作简单，而且不受场地的制约，在教室内就可进行。组装好装置后，放置在教室内向阳的窗台上，学生随时观察现象，得出结论即可，不影响正常上课。

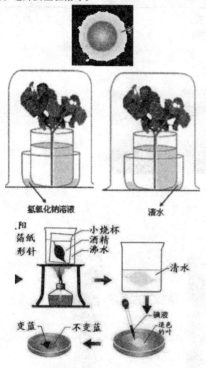

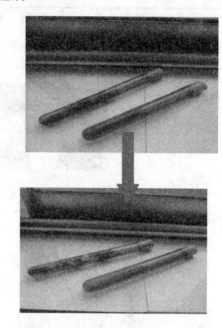

3. 原实验不能直接看效果，且有时效果不明显	**3. 创新实验现象直观明显**

原装置为了控制二氧化碳这一变量，用钟罩罩住植物形成封闭空间，往往因装置内二氧化碳含量有限，容易造成植物光合作用不足，制造的淀粉较少，蓝色浅，对比实验不明显。

创新实验用石蕊试液变色明显，红色——紫色。学生不用进行其他操作，单单用肉眼观察即可得出结论，效果直观明显。

旧实验	新实验
4.原实验资源浪费较重	**4.创新实验节约环保**
创造节约、环保型社会是当前全球的共同目标,做一次原实验,按我们学校一个年级800人,4人一个小组,做此实验要400片叶片,要用10多盆天竺葵,而且叶片煮后就死亡了,要使用大量的酒精、氢氧化钠,从而造成资源浪费和环境污染。	创新实验用石蕊试液作指示剂,对植物无损害对环境无污染,实验完毕后,金鱼藻可以放回大自然,或放在自家养鱼缸内,非常环保、人本。

5.一举多得,效率高

此实验除可以探究二氧化碳是否是光合作用的原料外。

(1)此实验也可以探究氧气是否是光合作用的产物。

操作:还是此装置一样,只是试管换成大锥形瓶,水草多些,光合作用一段时间后,打开橡皮塞,迅速深入带火星的木条,木条复燃,说明产生了大量氧气。就像课本上介绍的实验相似一样。

(2)此实验还可探究光是否光合作用的条件。

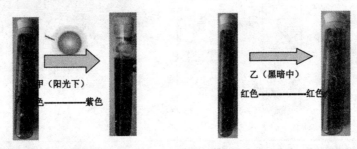

操作:设置两套相同的装置,一套放在阳光下,一套放在黑暗处,一段时间观察,黑暗处试管内溶液还是红色,说明没有进行光合作用,阳光下试管内溶液变成了紫色,进行了光合作用。由此说明光是光合作用的条件。

(3)此实验还可以探究二氧化碳是否是植物呼吸作用的产物。

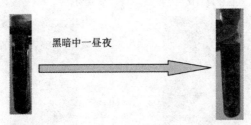

操作:在试管内加入金鱼藻,然后加入滴有石蕊试液清水,溶液呈现紫色,放在黑暗处一昼夜,会观察到溶液颜色变成红色。说明植物呼吸作用产生了二氧化碳。

第三节 探究性实验教学的实践分析

一、实验目的

试图通过探究性实验的创新设计，来促进初中生物学探究性实验教学的开展，检验探究性实验教学的创新设计在初中生物实验教学中的可行性和有效性，从中总结和发现一些规律性的东西，为在初中生物学实验教学中的推广应用提供实证材料。

二、实验假设

根据以上实验目的，本实验提出以下实验假设：

假设一：探究性实验的创新设计，有利于培养学生学习生物学的兴趣。

假设二：探究性实验的创新设计，有利于培养学生的探究创新能力。

假设三：探究性实验的创新设计，可以使学生的生物学成绩有所提高。

假设四：探究性实验的创新设计，可以提高学生的实验操作技能。

三、实验对象

本书在淄博市桓台世纪中学挑选了初二年级的两个班，这两个班学生人数相当，班内男女比例、学习基础、学习成绩和班级氛围等大致相同，随机选定初二十一班为实验班，初二十二班为对照班，而且两个班由同一教师上课，教学进度也一致。

四、实验变量

（一）自变量

自变量为初中生物学探究性实验教学的改进与创新设计。

（1）实验班：淄博市桓台世纪中学初二.11班，采用改进的探究性实验教学模式和方案进行教学。

（2）对照班：淄博市桓台世纪中学初二.12班，采用传统的实验授课模式和教材中原有的方案进行教学。

（二）因变量

因变量为学生学习生物学的兴趣、创新探究能力、学业成绩及实验操作技能四方面的状况。

（三）控制变量

（1）教学内容一样，教学课时相同

（2）教学起点一样

（3）由同一教师授课

（4）测验时间与要求相同

五、实验材料

（一）教学材料

初中二年级上、下册生物学。

（二）测试材料

1. 调查问卷

（1）《学生学习生物学兴趣与态度的调查问卷》：共 10 道题，主要就学生对生物学的学习兴趣、学习态度及学习习惯等方面进行调查。（见附录 5-4）

（2）《学生探究创新能力的调查问卷》：共 10 道题，主要就学生对课本实验的改进与创新，以及对生活中一些现象提出问题并探究等方面进行调查。（见附录 5-5）

说明：①两份问卷均为选择题，各 10 道题，每题由 A，B，C，D，E 五个选项，A 选项最高为 5 分，中间每个档次减 1 分，最低得分为 1 分，《学生学习生物学兴趣与态度的调查问卷》和《学生探究创新能力的调查问卷》的总赋分均为 50 分；问卷总分的高低反映样本相应水平的高低。

②两份调查问卷分前测和后测，且均为同一份问卷，分别在实验前和实验后对相同的学生进行测试。

2. 试卷

（1）2015-2016 学年第二学期初一期末测试试卷（见附录 5-6，满分 100 分）

（2）2016-2017 学年第二学期初二期末测试试卷（见附录 5-7，满分 100 分）

3. 实验操作

（1）2015-2016 学年第二学期初一生物实验技能测试——测定种子的成分（满分 10 分）

（2）2016-2017 学年第二学期初二生物实验技能测试——观察小鱼尾鳍内的血流方向（满分 10 分）

六、实验步骤

（一）前测

为了能了解实验班和对照班的有关情况，在初二新学期开始对两个班发放了调查问卷，对学生学习生物学的兴趣、态度和学生探究创新能力进行前测。以两份问卷的得分，来表示两班学生在这两方面的水平。并用 2015-2016 学年第二学期初一期末测试试卷来表示学生的笔试成绩，用 2015-2016 学年第二学期初一生物实验技能测试——测定种子的成分，来表示学生的实验成绩。

（二）具体实施阶段

从 2016 年 9 月至 2017 年 7 月，在学校初二十一班使用创新实验模式、方案及评价方式，初二十二班仍采用传统的实验授课模式和教材中原有的方案进行教学。

（三）后测

在学期末，对实验班和对照班学生发放后测问卷，以两份问卷的得分，来表示两班学生对学习生物学的兴趣、态度和学生探究创新能力两方面的水平。并用 2016-2017 学年第二学期初二期末测试试卷来表示学生的笔试成绩，用 2016-2017 学年第二学期初二生物实验技能测试——观察小鱼尾鳍内的血液流动，来表示学生的实验成绩。

七、头验结果及分析

经过一年的教学实验，为了能检验实验创新的教学效果，本书进行了测试及结果分析。

（一）实验前：学习生物学的兴趣、探究能力、学业成绩及实验操作技能比较

表6-9实验班与对照班的学生在实验前学习生物学的兴趣、探究能力、学业成绩及实验操作技能的比较。

表6-9

项目	班级	人数（N）	平均分（★）	标准差（S）	T	P	显著性检验
学习兴趣	实验班	50	44.807	1.795	0.706	0.403	无显著差异
	对照班	52	46.320	1.842			
探究能力	实验班	50	45.769	2.117	2.942	0.089	无显著差异
	对照班	52	42.200	1.618			
笔试成绩	实验班	50	74.318	2.260	0.252	0.616	无显著差异
	对照班	52	75.206	2.145			
实验成绩	实验班	50	6.5	0.742	0.224	0.637	无显著差异
	对照班	52	6.9	0.707			

（笔试成绩满分100分，实验成绩满分10分；$P \leq 0.01$ 为极其显著；$0.01 < P \leq 0.05$ 为显著；$P > 0.05$ 为不显著）

由表6-9分析可知：本实验选择的这两个班级在笔试成绩和实验成绩中并没有显著差异；但是，在学习生物学兴趣方面实验班略差，不过实验班的学生在探究能力方面有一定的优势，所以，我们充分发挥实验班学生的创新探究能力，通过探究性实验教学，让学生自主设计并完成实验课题，从而调动学生学习生物学的积极性和主动性，达到提高学习生物学的兴趣，并进一步提高生物成绩的目的。

（二）实验前后：学习生物的兴趣与态度的比较

表6-10 实验班与对照班学生在实验前学习生物的兴趣与态度的比较

班级	测试	人数（N）	平均分（★）	标准差（S）	T	P	检验
实验班	前测	50	44.807	1.862	2.147	0.037	显著差异
	后测	50	48，060	1.744			
对照班	前测	52	46.320	1.795	1.567	0.123	无显著差异
	后测	52	46.165	2.120			

（$P \leq 0.01$ 为极其显著；$0.01 < P \leq 0.05$ 为显著；$P > 0.05$ 为不显著）

表6-11 实验班与对照班学生在实验后学习生物的兴趣与态度的比较

班级	人数（N）	平均分（★）	标准差（S）	T	P	检验
实验班	50	48.060	1.838	4.678	0.033	显著差异
对照班	52	46.165	2.121			

（$P \leq 0.01$ 为极其显著；$0.01 < P \leq 0.05$ 为显著；$P > 0.05$ 为不显著）

由表 6-10 和表 6-11 可知：实验前后，实验班学生学习生物的兴趣与态度发生了显著变化，而对照班学生学习生物的兴趣与态度却没有明显变化，反而有小幅度降低。同时可以看出：实验后，实验班与对照班学生学习生物的兴趣与态度已经发生了显著变化，采用实验创新模式和方案的实验班学生学习生物学的兴趣明显提高，学习态度明显改善。

（三）实验前后：学生创新探究能力的比较

表 6-12　实验班与对照班学生在实验前后创新探究能力的比较

班级	测试	人数（N）	平均分（★）	标准差（S）	T	P	检验
实验班	前测	50	45.769	1.862	2.147	0.037	显著差异
	后测	50	47.960	1.744			
对照班	前测	52	42.200	2.117	0.224	0.823	无显著差异
	后测	52	42.350	2.254			

（P≤0.01 为极其显著；0.01 < P≤0.05 为显著；P > 0.05 为不显著））

表 6-13　实验班与对照班学生在实验后创新探究能力的比较

班级	人数（N）	平均分（★）	标准差（S）	T	P	检验
实验班	50	47.960	1.765	4.225	0.042	显著差异
对照班	52	42.350	2.245			

（P≤0.01 为极其显著；0.01 < P≤0.05 为显著；P > 0.05 为不显著）

由表 6-12 和表 6-13 可知：实验前后，实验班学生创新探究能力在原有水平上有了显著提高，而对照班学生创新探究能力却没有明显变化。同时可以观察到：实验后，实验班与对照班学生的创新探究能力有了明显差异。采用创新模式进行实验教学的实验班，创新探究能力有明显的提高。而且，实验班的学生在连续两年的省创新实验大赛中都能获得一等奖的好成绩。比如在今年的 2 月份省创新实验大赛中，实验班学生的创新作品《探究人体呼吸消耗氧气》和《采集和检测空气中尘埃粒子的改进与创新》获得省创新实验一等奖的好成绩。

（四）实验前后：学生生物学成绩的比较

表 6-14　实验班与对照班学生在实验前后生物学成绩的比较

班级	测试	人数（N）	平均分（★）	标准差（S）	T	P	检验
实验班	前测	50	74.318	2.145	2.034	0.047	显著差异
	后测	50	84.512	2.334			
对照班	前测	52	75.318	2.201	1.173	0.246	无显著差异
	后测	52	76.110	1.969			

（P≤0.01 为极其显著；0.01 < P≤0.05 为显著；P > 0.05 为不显著）

表 6-15 实验班与对照班学生在实验后生物学成绩的比较

班级	人数（N）	平均分（★）	标准差（S）	T	P	检验
实验班	50	84.518	1.297	2.06	0.04	显著差异
对照班	52	76.110	2.489			

（P≤0.01 为极其显著；0.01 < P≤0.05 为显著；P > 0.05 为不显著）

由表 6-14 和表 6-15 可知：实验后，实验班的生物学成绩有了很大提高。而对照班的生物学成绩虽然有一定的提高，但进步并不大。同时，实验后，实验班与对照班的学生的生物学成绩也有了比较明显的差异。通过以上数据可以看出，采用了实验创新教学模式的实验班学生，在提高生物学成绩方面更有优势。

（五）实验前后：学生实验操作技能的比较

表 6-16　实验班与对照班的学生在实验前后实验操作技能的比较

班级	测试	人数（N）	平均分（★）	标准差（S）	T	P	检验
实验班	前测	50	6.5	0.702	2.959	0.005	极显着差异
	后测	50	8.7	0.818			
对照班	前测	52	6.9	0.742	0.183	0.855	无显著差异
	后测	52	6.7	0.809			

（P≤0.01 为极其显著；0.01 < P≤0.05 为显著；P > 0.05 为不显著）

表 6-17　实验班与对照班的学生在实验后实验操作技能的比较

班级	人数（N）	平均分（★）	标准差（S）	T	P	检验
实验班	53	8.7	1.29	2.06	0.004	极显著差异
对照班	55	6，7	1.48			

（P≤0.01 为极其显著；0.01 < P≤0.05 为显著；P > 0.05 为不显著）

由表 6-16 和表 6-17 可知：实验后，实验班（8.7）与对照班（6.7）学生的实验操作技能已出现了明显差异。实验班采用采用了实验创新教学模式的实验班学生，在提高生物学实验操作技能方面更有优势。同时可以明显地看出，实验后的实验班学生比实验前在操作技能方面有了"质"的飞跃。

八、实验结论

通过本实验的结果及分析，我们可以看到，探究性实验的创新教学模式在初中生物学教学中的应用，能在较短的时间内取得较好的教学效果，说明探究实验的创新教学模式是一种行之有效的教学方式。它对学生学习生物学的兴趣和态度、学生的探究创新能力以及生物学成绩的提高都能起到积极的促进作用。

附　录

附录 1　探究式教学模式问卷调查

附录 1-1：考试成绩

（1）实验班 A 班的 33 名学生的四次考试成绩。

实验班 A 班学生考试情况表

序号	第一学期期中考试成绩	第一学期期末考试成绩	第二学期期中考试成绩	第二学期期末考试成绩
1	84	85	80	84
2	82	80	82	86
3	79	79	76	89
4	77	78	66	78
5	80	77	80	79
6	78	76	75	79
7	74	76	84	85
8	76	76	79	82
9	82	84	81	78
10	77	74	73	74
11	73	73	67	73
12	69	80	72	77
13	79	71	76	82
14	68	71	80	75
15	78	73	82	82
16	76	72	74	84
17	76	72	74	84
18	62	72	66	69
19	60	72	78	73
20	58	72	65	68
21	67	71	77	79

序号	第一学期期中考试成绩	第一学期期末考试成绩	第二学期期中考试成绩	第二学期期末考试成绩
22	71	70	81	82
23	79	69	75	81
24	73	68	64	58
25	73	68	64	58
26	59	64	79	62
27	63	60	60	55
28	53	55	62	72
29	58	50	59	62
30	52	50	70	74
31	40	53	60	60
32	48	48	51	59
33	50	52	55	57
平均	68.36	69.03	72.3	74.39

（2）对照班 B 班的 33 名学生的四次考试成绩

对照班 B 班学生考试情况表

序号	第一学期期中考试成绩	第一学期期末考试成绩	第二学期期中考试成绩	第二学期期末考试成绩
1	83	80	83	85
2	80	83	81	80
3	63	68	74	73
4	86	73	82	80
5	77	66	67	74
6	79	80	82	80
7	82	68	68	73
8	76	67	72	66
9	78	67	77	77
10	80	67	75	73
11	65	66	76	68
12	79	63	77	70
13	75	66	65	71
14	64	65	72	64
15	71	70	57	74
16	66	66	69	65
17	79	66	76	74
18	75	61	60	63

序号	第一学期期中考试成绩	第一学期期末考试成绩	第二学期期中考试成绩	第二学期期末考试成绩
19	66	65	68	66
20	78	64	67	68
21	69	71	62	68
22	73	63	66	69
23	67	70	71	57
24	62	57	52	59
25	59	71	80	75
26	64	59	57	59
27	55	65	85	49
28	52	57	56	52
29	45	69	45	48
30	57	54	50	44
31	49	55	51	45
32	56	47	44	47
33	47	46	49	42
平均	68.39	64.85	67.15	65.39

附录1-2：学习兴趣调查问卷

亲爱的同学：

你好！本调查问卷为了解探究式学习在初中生物教学中的开展后的效果，该问卷有关你们对于生物学习兴趣和态度，。本问卷采用无记名的方式进行，请放心回答。请先仔细阅读所有选项，在相应的栏目上认真如实地填写。谢谢合作！

项目	调查内容	A. 同意	B. 不同意	C. 说不清
重要性认识	生物知识在实际生活中用途广泛			
	生物很重要，将来不管干什么工作，都用得上生物知识			
	学习生物可以使生活更有情趣			
生物兴趣	我喜欢上生物课			
	我喜欢看有关生物的课外书			
	如果有生物兴趣小组，我一定参加			
	我关心生物方面的新发现			

续　表

项目	调查内容	A.同意	B.不同意	C.说不清
主动性	对老师的提问,我能积极思考回答			
	碰到生物难题,我愿意花较多时间精力去探索			
	我经常用所学到的生物知识去解决生活中的有关问题			
	这一年,我感觉学习生物很愉快			
	这一年,我学习生物收获挺大			

附录1-3:探究、合作情况调查问卷

亲爱的同学:

你好!本调查问卷为了解探究式学习在初中生物教学中的开展后的效果,该问卷有关你们对于生物学习探究、合作和交流情况。本问卷采用无记名的方式进行,请放心回答。请先仔细阅读所有选项,在相应的栏目上认真如实地填写。谢谢合作!

项目	类别	选项	结果
探究意识	对生物新知识的好奇心	强烈好奇心	
		一般了解	
		不感兴趣	
	求知欲	强烈	
		一般	
		不强烈	
探究能力	发现生物问题	独立发现	
		模仿发现	
		不能发现	
	收集资料	能广泛收集	
		能收集,但不广泛	
		不会收集	
	运用电脑辅助学习	经常使用	
		较少使用	
		基本不用	
合作、交流能力	探讨生物问题	乐意合作、交流	
		偶尔合作、交流	
		不愿合作、交流	

附录2 游戏化教学模式问卷调查

附录2-1初中生物游戏化教学模式调查问卷（学生卷）

亲爱的同学：

你好！这是一份关于游戏化、生物的问卷，这份问卷的目的在于了解初中生物游戏化教学模式的开展情况。本问卷不记名，无对错之分。请在理解题意后，根据自己的真实想法和实际情况，在适当的选项上打"√"。谢谢合作！祝学业顺利！

1. 你的性别：A. 女　B. 男

2. 所读年级：A. 七年级　B. 八年级　C. 九年级

3. 你父亲的学历是?

A. 小学及以下　B. 初中　C. 高中　D. 大学　E. 不清楚

4. 你母亲的学历是?

A. 小学及以下　B. 初中　C. 高中　D. 大学　E. 不清楚

5. 你对生物感兴趣吗?

A. 非常感兴趣　B. 感兴趣　C. 兴趣一般　D. 毫无兴趣

6. 你喜欢上生物课吗?

A. 非常喜欢　B. 一般喜欢　C. 不太喜欢　D. 完全不喜欢

7. 你的父亲或母亲在平常会玩游戏吗?

A. 父亲玩，母亲不玩　B. 父亲不玩，母亲玩

C. 父亲和母亲都玩　　D. 父亲和母亲都不玩

8. 你的父母允许你玩游戏吗?

A. 鼓励　B. 允许　C. 不管　D. 禁止

9. 你认为以下哪些选项算是游戏? （可多选）

A. 打球（如乒乓球、篮球等）　B. 唱歌

C. 打牌（如扑克、卡牌等）　　D. 跳皮筋

10. 你是否喜欢游戏?

A. 非常喜欢　B. 一般喜欢　C. 不太喜欢　D. 完全不喜欢

11. 你平常会玩以下类型的游戏吗? （可多选）

A. 电子游戏　B. 户外游戏　C. 不玩游戏　D. 其他

12. 你喜欢如何做游戏? （可多选）

A. 班级对抗　B. 小组竞赛　C. 个人竞赛　D. 讨厌游戏

13. 你觉得下列哪种上课方式会使你更喜欢生物课? （可多选）

A. 老师将课本上的知识讲得非常细致

B. 老师在课堂上现场演示实验

C. 自己在课堂上进行实验操作

D. 不管如何，都不喜欢上生物课

E. 其他

14. 你希望以下哪门课程用游戏来上课？（可多选）

A. 语文　B. 数学　C. 英语　D. 生物　E. 地理　F. 政治

G. 物理　H. 历史　I. 音乐　J. 体育　K. 美术

15. 如果生物老师说在课堂上要做一个游戏，你会乐意参与吗？

A. 十分乐意　B. 愿意　C. 随意　D. 不愿意

16. 你觉得生物课堂上进行游戏化教学会和平常的教学有什么不同吗？

A. 会使课堂变得更有趣，吸引我们的注意力

B. 老师在台上玩游戏，我们不会有太多兴趣

C. 会使课堂变得闹哄哄的，反倒学不好

D. 和平常的课堂没有两样，照样上课

17. 你觉得是考取高分有意义一些还是快乐学习有意义一些？

A. 考取高分更有意义　B. 快乐学习更有意义

C. 一样的有意义　D. 都没有意义

18. 生物课堂中有开展游戏来学习知识吗？

A. 经常有　B. 偶尔有　C. 很少有　D. 没有

19. 在生物学习过程中，你认为老师如何开展教学才能帮助你更好地掌握知识？

_____

_____

_____

再次感谢你的参与和配合！

附录2-2 初中生物游戏化教学模式调查问卷（教师卷）

尊敬的教师：

您好！这是一份关于游戏化. 生物的问卷，这份问卷的目的在于了解初中生物游戏化教学模式的开展情况。本问卷不记名，无对错之分。请您在了解题意后，根据自身的实际情况和内心的真实想法作答。在这里，对您的参与和帮助表示由衷的感谢！祝您工作顺利！

说明：（1）请您在符合您情况的选项上划"√"。如有不同见解可填写在"其他"一栏中。（2）请在"_____"上填写相应的数字或文字。

您的年龄：_____ 教龄：_____ 最后学历：_____ 最后学历所学专业：

1. 您从事哪几门课程的教学？

A. 生物　B. 语文　C. 数学　D. 英语　E. 物理　F. 化学

G. 历史　H. 政治　I. 地理　J. 音乐　K. 体育　L. 美术

M. 其他

2. 您的学生学习生物学的态度如何？

A. 很积极　B. 积极　C. 一般　D. 不积极

3. 您在生物教学中使用过什么教学方法？（可多选）

A. 探究教学　B. 小组讨论　C. 角色扮演　D. 模拟游戏　E. 其他

4. 您认为下面哪个选项对游戏化教学的解释最为全面？

A. 游戏化教学就是在课堂中使用游戏教学法进行教学

B. 游戏化教学就是在课堂中使用游戏教学软件进行教学

C. 游戏化教学就是在课堂中使用游戏教学法和游戏教学软件进行教学

D. 游戏化教学就是将游戏设计技术和游戏元素运用到非游戏情境中

5. 您认为游戏化教学应该具有哪些性质?

A. 自愿性、非日常性、严肃性、限定性

B. 自愿性、日常性、严肃性、限定性

C. 自愿性、非日常性、非严肃性、限定性

D. 自愿性、日常性、非严肃性、限定性

6. 您认为初中生物教材中是否有游戏化教学的切入点?

A. 有很多很好的切入点　B. 有切入点　C. 勉强能找到一些　D. 没有

7. 课堂中使用游戏化教学,您认为花费多长时间比较合理?

A.0 分钟　B.1-10 分钟　C.11-20 分钟

D.21-30 分钟　E.31-40 分钟　F.41-45 分钟

8. 在生物课堂中结合游戏化教学,学生的表现有何变化?

A. 变活跃　B. 没有变化　C. 变消极　D. 没做过,不了解

9. 您在初中生物教学中使用游戏化教学是否存在困难?如若存在,是哪些困难? (可多选)

A. 缺乏理论以及方法上的指导　B. 课前准备时间过长

C. 教学任务繁重,无暇顾及　D. 课堂很难控制和管理

E. 自身能力的限制　F. 担心会影响学生成绩

G. 没有什么困难　H. 其他

10. 您对寓教于乐.快乐学习的教育思想有何看法?您认为生物游戏化教学应该如何实施?

_____

_____

_____

再次感谢你的参与和配合!

附录 2-3 访谈提纲

校长篇

贵校现在有多少学生呢?

学校现在在职的教师有多少位?

学校的生物老师一共有几位呢?

由哪些学科的老师来兼任生物科目的呢?

现在学校教师水平如何呢?

教师篇(已跟随陈老师旁听了一节生物课)

您在本校任职多久了?

这个班的生物一直都是您教的吗?

您是学生物的吗?

这个学期的生物课都是您来教吗?

您现在教几个班呢?

您感觉学生对生物感兴趣吗?

附录2-4 生物知识前测试题

（45分钟，共100分）

班级 ＿＿＿＿＿ 姓名 ＿＿＿＿＿ 成绩 ＿＿＿＿＿

一、单项选择题（每题2分，共46分）

1. 现代类人猿和人类的共同祖先是（ ）

A. 黑猩猩　B. 猴子　C. 森林古猿　D. 以上都不是

2. 在人类起源和发展的漫长历程中，森林古猿下地生活的原因是（ ）

A. 其他动物的入侵　B. 生活环境发生变化

B. 为了扩大领地　　D. 为了躲避敌害

3. 下列不是人类起源证据的是（ ）

A. "露西"的骨骼化石　B. 北京猿人化石

C. 类人猿喜欢树栖生活　D. 古人类石器化石

4. 与类人猿相比，下列不属于人类特有的特征的是（ ）

A. 有复杂的语言　B. 使用工具　C. 直立行走　D. 大脑发达

5. 森林古猿能够进化成人类和现代类人猿的主要原因是（ ）

A. 森林古猿食性的变化　B. 生活环境的变化

C. 能够使用火　　　　　D. 森林古猿的运动方式发生改变

6. 下列说法中，错误的是（ ）

A. 提出人类和类人猿的共同祖先是一类古猿的是达尔文

B. 古人类化石露西是在非洲被发现的，露西生活在300万年前

C. 古人类首先用火，接着逐渐制造和使用工具

D. 古人类语言的完善是在直立行走之后

7. 男性生殖系统由多个生殖器官组成，下列属于男性生殖器官的是（ ）

A. 睾丸、输精管、前列腺　B. 睾丸、输精管、卵巢

C. 输精管、前列腺、子宫　D. 肾脏、输精管、前列腺

8. 进入青春期后产生精子的器官和受精的场所分别是（ ）

A. 卵巢和输精管　B. 睾丸和输卵管

C. 睾丸和子宫　　D. 附睾和输卵管

9. 受精卵开始分裂的场所是（ ）

A. 卵巢　B. 输卵管　C. 子宫　D. 输精管

10. 怀孕就是指一粒"种子"植入到子宫内膜上，这一粒"种子"是（ ）

A. 受精卵　B. 胚泡　C. 胚胎　D. 胎儿

11. 胎儿通过下列什么结构从母体中获得所需的营养物质和氧（ ）

A. 口腔和脐带　B. 体表和胎盘　C. 胎盘和脐带　D. 鼻腔和胎盘

12. 下列男女生殖器官中，功能相近的一组为（ ）

A. 睾丸和子宫　　　B. 输精管和卵巢

C. 输精管和输卵管　D. 附睾和输卵管

13. 人类产生生殖细胞的器官是（ ）

A. 子宫和阴囊   B. 卵巢和睾丸

C. 卵巢和精囊腺   D. 输精管和输卵管

14. 能分泌激素器官是（   ）

A. 附睾和子宫   B. 附睾和卵巢   C. 睾丸和子宫   D. 睾丸和卵巢

15. 请不要在孕妇身边吸烟，有害物质会通过孕妇影响胎儿。孕妇和胎儿之间联系的"纽带"是（   ）

A. 羊水   B. 卵巢   C. 胎盘、脐带   D. 输卵管

16. 下列各项中，不属于青春期发育特点的是（   ）

A. 身高和体重迅速增加   B. 形成两性生殖器官

C. 出现第二性征   D. 大脑兴奋性增强

17. 当我们进入青春期后，由于生理的变化，心理也会发生明显的变化。下列关于青春期青少年做法与想法的叙述，不正确的是（   ）

A. 作息有规律．保证均衡营养   B. 积极参加文娱活动和体育运动

C. 异性同学间应建立真诚友谊   D. 自行处理心理矛盾，绝不能打扰他人

18. 青春期是人一生中的黄金期，人的身体和心理都会发生显著的变化。下列有关青春期的叙述正确的是（   ）。

A. 开始出现第一性征

B. 生殖器官的生长发育几乎停滞

C. 身高突增，代谢速度缓慢

D. 男女相处有礼有节，建立真诚的友谊

19. 下列现象中，不属于第二性征的是（   ）

A. 男性喉结突出，声音变粗

B. 男性胡须、腋毛等的生长

C. 女性乳房增大，声调较高

D. 女性卵巢发育迅速，质量增加

20. 下列关于青春期心理卫生的叙述，不正确的是（   ）

A. 正确对待身体变化、性器官的发育、第二性征的出现等

B. 将自己对性知识的疑惑埋藏在心底

C. 树立远大理想，把精力集中在学习和培养高尚情操上

D. 正常开展人际交往

21. 青春期是人体生长发育的重要时期，这是因为青春期（   ）

A. 是思想逐渐成熟的时期

B. 是人的大脑发育速度最快的时期

C. 是人体系统发育最快的时期

D. 是为一生的健康打下良好基础的最好时期

22. 下列各项中，除哪项外都是青春期可能出现的正常生理现象（   ）

A. 睡梦中有时出现排精的现象

B. 出现贫血的现象

C. 月经初潮期周期不规律

D. 行经期间身体出现不适感

23. 进入青春期后，有的同学愿意与异性接近，甚至对异性产生朦胧的依恋。这种现象属于（   ）

A. 不正常的非分之想　　B. 正常的性意识萌动

C. 特别丢人的现象　　D. 不务正业，误入歧途

二、连线题（每题 1 分，共 10 分）

1、将女性生殖系统中的各器官与其功能相连接起来。

①卵巢　　　　　　　a. 输送卵细胞

②子宫　　　　　　　b. 产生卵细胞

③阴道　　　　　　　c. 精子进入和胎儿产出的通道

④输卵管　　　　　　d. 胚胎和胎儿发育的场所

2、将男性生殖系统中的各器官与其功能相连接起来。

①前列腺　　　　　　a. 排出精液和尿液

②阴囊　　　　　　　b. 分泌粘液

③尿道　　　　　　　c. 保护睾丸和附睾

④睾丸　　　　　　　d. 产生精子，分泌雄性激素

⑤附睾　　　　　　　e. 分泌粘液

⑥精囊腺　　　　　　f. 贮存和输送精子

三、综合题（每空 2 分，44 分）

1. 回答下列问题。

（1）现代类人猿和人类的共同祖先是 _____，现代类人猿有 _____、_____、_____ 和 _____。

（2）男女的主要生殖器官分别是 _____ 和 _____。

（3）胚胎和胎儿发育的场所是 _____。

（4）卵巢能产生 _____ 细胞和分泌 _____ 激素。

（5）19 世纪著名的进化论的创建者是 _____。

（6）进入青春期后，会出现一些正常的生理现象。如男孩会出现 _____ 一、女孩会出现 _____。

2. 图 1 是胎儿、脐带和胎盘的示意图。据图分析并回答问题。

（1）胎儿在母体的③ _____ 里发育，胎儿所获得的营养需经过② _____ 由① _____ 从母体获得。

（2）胎儿发育到 280 天左右时，会通过④ _____ 从母体内产出，这一过程叫作 _____。

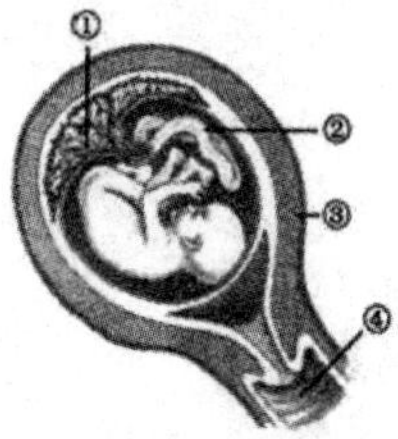

图1 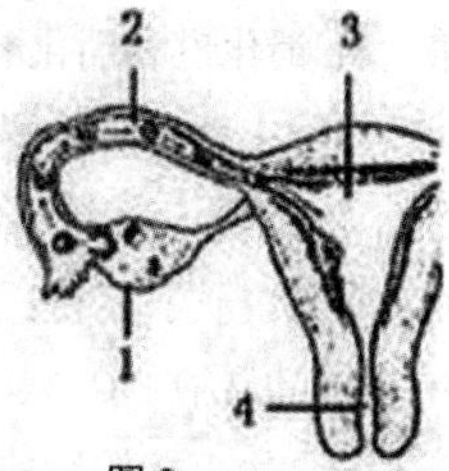　　　　　　　　图2

3. 图 2 是女性排卵、受精和开始怀孕的示意图。据图回答下列问题：

（1）卵细胞与精子在（ ） _____ 相遇，结合形成 _____。

（2）胚胎和胎儿的发育仍是在图中（ ） _____ 中进行。

（3）胎儿通过 _____ 与母体进行物质交换，获得营养物质和氧，排出代谢废物。

附录2-5 生物知识后测试题

（45分钟，共100分）

班级 _____ 姓名 _____ 成绩 _____

一、单项选择题（每题2分，共40分）

1、下列哪组食物中含有较多的糖类（　　）

A.馒头、甘薯　　B.鱼、鸡蛋

C.猪肉、花生　　D.白菜、辣椒

2、同等质量的下列物质在人体内分解，释放能量最多的是（　　）

A.蛋白质　　B.脂肪

C.糖类　　D.维生素

3、关于蛋白质的作用，下列叙述错误的是（　　）

A.蛋白质是构成人体细胞的基本物质

B.人体的生长发育、组织的更新都离不开蛋白质

C.蛋白质可被分解，为人体的生命活动提供能量

D.蛋白质是备用能源物质

4、人体细胞内含量最多的物质是（　　）

A.蛋白质　　B.糖类　　C.脂肪　　D.水

5、小明刷牙时经常牙龈出血，最可能的原因是（　　）

A.缺乏维生素D　　B.缺乏维生素C　　C.缺乏维生素B_1　　D.缺乏维生素A

6、食物中所含的六大营养物质中，能为人体提供能量的是（　　）

A.水、无机盐、维生素　　　　B.糖类、脂肪、蛋白质

C.无机盐、维生素、蛋白质　　D.糖类、维生素、脂肪

7、组成人体细胞的主要成分是（　　）

A.水　　B.蛋白质　　C.有机物　　D.维生素

8、下列营养物质中，不能为人体提供能量的有机物是（　　）

A.糖类　　B.脂肪　　C.无机盐　　D.维生素

9、人体消化系统的组成是（　　）

A.消化腺和消化酶　　B.消化道和消化腺

C.消化腺和消化液　　D.消化道和消化酶

10、下列物质中，在口腔中就能被分解的是（　　）

A.蛋白质　　B.脂肪　　C.淀粉　　D.纤维素

11、下列消化液中，对蛋白质、淀粉、脂肪都有消化作用的是（　　）

A.胆汁和胰液　　B.唾液和胃液　　C.胰液和肠液　　D.胃液和肠液

12、下列结构中，不与食物直接接触的是（　　）

A.胃　　B.口腔　　C.食道　　D.肝脏

13、人体吸收营养物质的主要场所是（　　）

A.食道　　B.小肠　　C.大肠　　D.口腔

14、消化道中既无消化功能又无吸收功能的结构是（　　）

A.口腔　B.食道　C.胃　D.大肠

15、合理营养指的是（　　）

A.多吃一些能为人体提供能量的糖类物质

B.多吃一些富含蛋白质的物质

C.均衡地摄入各类物质，比例合适，搭配合理

D.以肉、蛋、奶和水果为主

16、良好的饮食习惯对人体健康是非常重要的，下列习惯较安全的是（　　）

A.采摘的水果直接用衣服或纸擦后食用

B.新鲜黄瓜用清水浸泡一段时间，洗干净后食用

C.油炸薯条香辣可口，可经常购买食用

D.青少年应大量食用含蛋白质丰富的食物，蔬菜可以不吃

17、有些同学只爱吃肉，不愿意吃水果和蔬菜，长此以往会造成身体缺乏（　　）

A.蛋白质和维生素　B.维生素和无机盐　C.脂肪和无机盐　D.蛋白质和脂肪

18、下列关于合理营养和食品安全的说法，正确的是（　　）

A.绿色食品是指富含叶绿素和维生素的植物类食物

B.发芽的马铃薯去芽煮熟后再吃

C.青少年缺钙应当增加动物肝脏、鸡蛋等食物的摄入量

D.刚过保质期、没有霉变的食品仍可以食用

19、饮食与健康密切相关。下列做法有益于健康的是（　　）

A.如果觉得蔬菜不好吃，就不要吃

B.如果时间来不及，可以不吃早餐，中餐多吃一点儿

C.如果你不爱喝水，可以用饮料代替

D.如果你想预防高血压，应该多吃清淡的饭菜

20、按照合理营养的要求，每日应从食物中摄取最多的营养成分是（　　）

A.维生素　B.淀粉　C.蛋白质　D.无机盐

二、连线题（每题1分，共6分）

下面是人体所需的六种营养物质及它们在人体内的作用，请用线将它们连起来。

蛋白质　　　　　　　人体对它的需要量很小，却是人体必须从食物摄取的有机物

水　　　　　　　　　人体主要的供能物质

无机盐　　　　　　　人体如果缺少这类物质，就可能会患佝偻病、缺铁性贫血等疾病

糖类　　　　　　　　建造和修复身体的重要原料，也可以为人体提供能量

维生素　　　　　　　人体内含量最多的物质

脂肪　　　　　　　　人体内的备用能源物质

三、填空题（每空2分，54分）

1、回答下列问题。

（1）＿＿＿＿＿＿＿一、＿＿＿＿＿＿＿一、＿＿＿＿＿＿＿是组成人体细胞的主要有机物，并且能为＿＿＿＿＿＿＿提供所需的能量。

（2）维生素既不参与＿＿＿＿＿＿＿的构成，也不提供＿＿＿＿＿＿＿，人体每日的需要量

_____，但人体一旦缺乏，就会影响生长发育，甚至患病。

（3）食物中的 _____ 一、_____ 一、_____ 不需要经过消化，就可以直接被消化道吸收进入 _____。

（4）如果不注意合理营养，就会出现 _____ 和 _____ 两种情况，甚至会导致因缺乏某些微量元素而患病。如食物中缺少 _____ 就可能使人患地方性甲状腺肿。

2、合理、健康的饮食习惯有利于提高生命质量，营养师提供了"膳食宝塔"中各类食物的摄入量（下表所示），请分析回答下列问题。

在"膳食宝塔"中的位置	食物分类	每天建议摄入量（g）
第五层	油脂类	小于25
第四层	豆、奶类	100-150
第三层	鱼、肉、蛋类	125-200
第二层	蔬菜、水果类	400-500
第一层	谷类	450-750

（1）某同学牙龈经常出血，原因可能是对第 _____ 层食物摄入量不足。

（2）蛋白质是构成人体细胞的基本物质，它主要是从第 _____ 层食物中获得；人体摄入的蛋白质在 _____ 内初步消化，然后在 _____ 内最终分解为 _____ 从而被吸收。

（3）谷类食物主要为我们提供 _____ 类物质，这类物质被消化吸收后经过循环系统到达组织细胞，在氧气的作用下分解，为生命活动提供 _____。

（4）中学生正处在生长发育的关键时期，每天保持合理营养格外重要。你认为该怎样做到健康饮食？
_____。

3、小红在探究"馒头在口腔内消化"的实验时，设计了如下实验方案：

试管编号	A	B	C
馒头碎屑或块	适量碎屑	适量碎屑	适量馒头块
试管中的加入物	2ml唾液		2ml唾液
是否搅拌	充分搅拌	充分搅拌	不搅拌
保温	37℃水浴保温10分钟		
加入碘液	2滴		

请回答有关问题。

（1）为了证明"唾液对馒头有消化作用"，在B试管中应加入 _____，与A试管形成 _____。

（2）为了证明"牙齿的咀嚼，舌的搅拌"对馒头有消化作用，应选用 _____ 两支试管进行对照实验。实验结果是 _____ 号试管中加入碘液后溶液不变蓝，原因是：_____。

附录2-6 初中生物学习兴趣评价量表

亲爱的同学：你好！

我们正在研究生物学习兴趣的相关内容，其目的是为了更好地了解你生物的学习情况，从而给教师改进教学提供参考，为提高你的生物学习兴趣和生物成绩共同努力。本量表采用不记名方式进行调查，你的回答将被严格保密，只作我们研究之用，绝不向外泄露。因此，为了保证此次调查结果的真实性，恳请你根据自己的实际情况，实事求是地从以下完全符合、比较符合、一般、比较不符合、完全不符合五个选项中选出一项，并在所选项目下的方框里打"√"。谢谢你的合作！

学校：_____ 年级：_____ 性别：_____

	完全符合	比较符合	一般	比较不符合	完全不符合
1. 在教室做生物实验时，我喜欢自己动手操作，让别人记录数据。					
2. 生活中丰富多彩的生物使我对生物学习产生兴趣。					
3. 我在每次生物考试中都能发挥出最好的水平。					
4. 生物知识的奥秘让我很着迷。					
5. 如果做生物实验失败没有达到预期效果，我通常会分析失败的原因。					
6. 生物老师在课堂上讲一些生活中与生物有关的课外知识时，我特别感兴趣。					
7. 我希望生物老师把课堂演示实验改为学生实验，由我们自己动手操作，得出结论。					
8. 我有时也会不交生物作业。					
9. 我喜欢运用所学生物知识解决生活难题，并总是想方设法解决，决不轻易放弃。					
10. 观察老师演示的生物模型后，我会积极思考和生活相关的例子。					
11. 生物老师讲的每一堂课都是非常生动有趣的。					
12. 我有时用生活中的工具和材料做一些生物模型。					
13. 生物老师讲了某一节新的生物课后，即使不布置作业，我也会自觉地做一些题目。					
14. 我常用已学过的生物知识去解释生活中的一些自然现象。					
15. 生物课堂上的演示实验引起了我的好奇心，我想更深入地学习生物。					
16. 如果班上成立生物课外活动小组，我会参加。					
17. 生物学的基本概念和基本方法深深地吸引着我。					
18. 生物作业或生物试卷批改后，我通常会看看是否有错，错的原因在哪里。					
19. 生物课堂上我从来不走神。					
20. 我喜欢了解生物学家的故事。					
21. 在上生物实验课时，我感到时间过得很快。					
22. 我想将学会的生物规律用于其他学科或生活中。					
23. 生活中的许多生物吸引了我，我很想弄懂其中的奥秘。					
24. 生物学史使我有探索生物世界的愿望。					
25. 我有时也会害怕生物学习。					

	完全 符合	比较 符合	一般	比较 不符合	完全 不符合
26. 我喜欢探索生物的本质和规律。					
27. 我希望老师讲的内容比生物课本深一些和宽一些。					
28. 上课做生物实验，我从来都没失败过。					
29. 如果有可能，我想去动物园或植物园观察各种生物。					
30. 如果课前得知生物实验课不上了，我会感到失望。					
31. 生物课上我喜欢积极思考老师讲授的内容和提出的问题。					
32. 上生物课时，我偶尔也会迟到。					
33. 我常常思考自然界的生物的本质是什么。					
34. 生物老师讲的话，我都照办。					
35. 我喜欢在生物课上做分组实验。					
36. 我常常观察和留意身边的生物。					
37. 我希望生物老师每一节课都尽量多布置作业。					
38. 我喜欢看生物课本上的图像和插图。					
39. 当学了一个新的生物实验后，我很想亲自动手做实验验证它。					
40. 我对生物课本上的每一节内容都很感兴趣。					
41. 我常常思考生物知识是怎样研究出来的。					
42. 我经常阅读生物课外书籍。					

附录3　翻转课堂教学模式问卷调查

附录3-1

亲爱的同学：

你们好！首先感谢你在百忙之中抽空填写本问卷。本问卷旨在调查初中生物课堂教学与学习的现状，从而为教学模式的创新提供依据。本问卷大约占用你10分钟时间，采用匿名方式做大，请您根据自己实际情况如实填写，您的答案仅用于学术研究，绝对严格保密。问卷中1-15题为单项选择题，请将最接近的一项答案填写在括号内，谢谢你的配合！

1. 你的性别是（　　）

A. 女　B. 男

2. 你的班级是（　　）

A. 一班　B. 二班　C. 三班　D. 四班　F. 五班

3. 你的家里有电脑吗（　　）

A. 有　B. 没有

4. 你每周在家的上网时间是（　　）

A. 每天上网　　B.一周几次　　C.周末上网　　D.从来不上

5. 你上网经常做什么（　　）

A. 聊天　　B.游戏　　C.学习　　D.其他

6. 你最喜欢的网络交流工具是（　　）

A. 微信　　B.QQ　　C.微博　　D.其他

7. 在一节生物课中，你能认真听老师讲课多少分钟（　　）

A.30 分钟以上　　B.20 分钟左右　　C.10 分钟左右

8. 你喜欢生教师所讲授的内容吗（　　）

A. 喜欢　　B.不喜欢

9. 你愿意在课后对生物课程进行巩固和练习吗（　　）

A. 愿意　　B.不愿意

10. 你会在课后花时间对生物课程进行巩固和练习吗（　　）

A. 经常这样做　　B.觉得很有意义，但是受到客观因素限制很少这样做　　C.从未这样做

11. 你喜欢老师用整节课来讲授新知识吗？（　　）

A. 喜欢　　B.不喜欢

12. 教师在课堂中是否开展协作学习、自主探究等教学活动（　　）

A. 经常开展　　B.偶尔开展　　C.几乎不开展

13. 在生物课堂上，你喜欢哪种课堂教学活动（　　）

A. 教师讲授　　B.教师布置任务，自主探究或小组讨论　　C.课堂练习

14. 在生物课堂教学中教师能否针对学生的问题答疑解难（　　）

A. 经常　　B.偶尔　　C.从不

15. 你希望教师改变当前的教学方式吗？（　　）

A. 希望　　B.不希望

16. 你希望使用网络学习生物课程吗？（　　）

A. 希望　　B.不希望

18. 你喜欢以哪种形式呈现网络课程的内容？（　　）

A. 文字　　B.图片　　C.视频　　D.动画　　E.音频

19. 你期望的生物课堂是什么样的？或者你对当前的生物课堂教学有哪些建议或期望？

附录 3-2

一、教学目标

1. 知识目标

（1）概述男性和女性生殖系统的结构，说出它们的功能。

（2）描述受精过程和胚胎发育过程

2. 能力目标

（1）通过小组活动培养合作能力；

（2）通过观察图片、看录像提高观察能力及处理问题的能力。

3. 情感态度价值观目标

（1）自主学习，尝试学习获得新知识的成功和喜悦。

（2）认同母亲生育了"我"，不容易，父母把"我"养育成人更不容易。

二、教学重难点

1.教学重点

（1）男女生殖系统的结构和功能；

（2）受精过程和胚胎发育。

2.教学难点

受精过程和胚胎的发育。

三、学生分析

七年级学生已开始了青春期发育，随着他们身体上性器官、性机能的变化，逐渐产生了性意识。学生对人的生殖有一定是神秘感，渴望了解这方面的知识，另一方面往往又怀有害羞的心情。教师应在理解学生心理的基础上，加强学生性结构知识教育，树立正确的性观念意识。

四、教学内容分析

"人的生殖"是在学习了作为物种的人的由来之后的第二节，介绍的是人的个体形成，与人类的生存和延续密切相关。伴随着学生青春期发育的进行，让学生及时了解自己的生殖结构及身体变化的原因，教材安排这一节是非常必要及时的。既有助于学生的生理健康，更有利于学生的心理健康。教学中心内容有两个：（1）生殖系统的结构和功能；（2）受精和胚胎发育过程。

附录3-3

趣味导读

你已知道人类是由森林古猿进化而来的，那么我们每个人又是如何来到这个世界上的呢？要想弄清楚这个问题可不容易，我们来做一个亲情回访吧！向自己的爸爸、妈妈询问，自己是妈妈怀孕多长时间才出生的？在哪个医院出生？体重是多少？让妈妈或爸爸谈一谈当时的感受和心情。一定要记录下来，并在课堂上与老师和同学交流。

智能点拨

例1.组成女性生殖系统的器官依次是（ ）

A.输卵管、睾丸、卵巢、阴道 B.子宫、输卵管、卵巢、阴道

C.卵巢、输卵管、子宫、阴道 D.卵巢、子宫、输卵管、前列腺

例2.人的体细胞受精的部位在（ ），人体胚胎正常发育的场所是（ ）

A.输卵管、卵巢 B.子宫、卵巢 C.子宫、子宫 D.输卵管、子宫

画龙点睛

1.人类新个体的产生要经历由 _____ 生殖细胞结合，通过 _____ 形成新个体的过程。这一过程是靠 _____ 完成的。

2.睾丸产生的 _____ 和卵巢产生的 _____ ，都是生殖细胞。

3.一般来说，怀孕到第 _____ 周时，胎儿就发育成熟了。

4.成熟的胎儿和胎盘从母体的阴道排出，这个过程叫作 _____ 。

慧眼识珠

1.男性生殖系统中，能够产生精子的是（　）

A.膀胱　B.精囊腺　C.阴茎　D.睾丸

2.女性生殖系统中，能产生生殖细胞的是（　）

A.阴道　B.子宫　C.卵巢　D.输卵管

3.胎儿是生活在（　）

A.输卵管　B.子宫　C.卵巢　D.阴道

4.把精子输送到体外的管道是（　）

A.输精管　B.精囊腺　C.输卵管和附睾　D.附睾

5.胎盘是指（　）

A.胎儿的一部分血管　B.脐带的一部分

C.母体的一部分血管　D.胎儿和母体交换物质的器官

明辨是非

1.人类新个体的产生要经历由雌雄生殖细胞结合，通过胚胎发育形成新个体的过程。（　）

2.精囊腺产生了精子，精子是男性产生的生殖细胞。（　）

3.受精卵是在卵巢内发育成胚胎。（　）

4.一般说，怀孕到第40周时，胎儿发育成熟，就能从母体内排出，这就是分娩。（　）

5.胎儿生活在子宫内，只有通过脐带才能从母体中获得所需要的营养物质和氧。（　）

穿针引线

1.将女性生殖系统中的各器官与其功能相连接起来。

A.卵巢　　　　　　　a.输送卵细胞

B.子宫　　　　　　　b.产生卵细胞

C.阴道　　　　　　　c.精子进入和胎儿产出的通道

D.输卵管　　　　　　d.胚胎和胎儿发育的场所

2.将男性生殖系统中的各器官与其功能相连接起来。

A.前列腺　　　　　　a.排出精液和尿液

B.阴囊　　　　　　　b.贮存和输送精子

C.尿道　　　　　　　c.保护睾丸和附睾

D.睾丸　　　　　　　d.产生精子，分泌雄性激素

E.附睾　　　　　　　e.分泌粘液

附录 3-4

1.人类新个体的产生要经历由 _____ 生殖细胞结合，通过 _____ 形成新个体的过程。这一过程是靠 _____ 完成的。

2.睾丸产生的 _____ 和卵巢产生的 _____，都是生殖细胞。

3.一般来说，怀孕到第 _____ 周时，胎儿就发育成熟了。

4.成熟的胎儿和胎盘从母体的阴道排出，这个过程叫作 _____。

5.男性生殖系统中，能够产生精子的是（　）

A.膀胱　B.精囊腺　C.阴茎　D.睾丸

6.女性生殖系统中，能产生生殖细胞的是（　　）

A.阴道　B.子宫　C.卵巢　D.输卵管

7.胎儿是生活在（　　）

A.输卵管　B.子宫　C.卵巢　D.阴道

8.把精子输送到体外的管道是（　　）

A.输精管　B.精囊腺　C.输精管和附睾　D.附睾

9.胎盘是指（　　）

A.胎儿的一部分血管　B.脐带的一部分

C.母体的一部分血管　D.胎儿和母体交换物质的器官

附录 3-5

一、教材分析

计划生育是我国的一项基本国策。在城市家庭中的独生子女已接近100%，对于国家实行这一政策，学生也能说出其中的原因和道理，因此，本节课中应当让学生通过对与计划生育相关的数据及内容进行统计、分析，并进行相关的探究性活动，更进一步了解实行计划生育的重要性与必要性，知道人口增长过快会对资源、环境和社会发展造成什么样的影响。

二、课时及内容安排

本节内容计划两课时完成。

教师以课前准备的"各国人均收入情况"导入本节知识的，将学生引入到"计划生育"这一主题中来。

三、教学目标知识目标

1.了解我国实行计划生育国策的重要性和必要性。

2.知道人口增长过快会对资源、环境和社会发展造成什么样的影响。

技能目标

1.锻炼收集材料的能力。

2.计算、整理相关数据，探究计划生育这一基本国策的意义。

情感态度与价值观

1.初步形成主动参与社会决策的意识

2.通过学习，加强自身对社会的责任感，理解国家"计划生育"的基本国策。

附录 3-6

趣味导读

"要想富，先修路，少生孩子多种树。""少生优生幸福一生。"这两句朴素的口号中体现了我国的一项国策，你知道是什么吗？请你写在下面。

判断：如果一对夫妇只生一个孩子，早婚、早育和晚婚、晚育是一样的。（　　）

1.现在全世界的人口已经超过 ＿＿＿＿＿＿ 亿。

2.为了控制人口数量和提高人口素质，＿＿＿＿＿＿ 已被定为我国一项基本国策。

3. 我国控制人口增长的具体要求是 _____。

4. 我国计划生育要求晚婚提倡比法定结婚年龄晚 _____ 年结婚。

5. 晚育提倡婚后推迟 _____ 年生育。

明辨是非

1. 人口的增长会对资源、环境和社会发展产生巨大的影响。（　）

2. 我国提倡晚婚，晚婚有利于计划生育。（　）

3. 优生是控制人口的关键，少生是有利于提高我国的人口素质。（　）

慧眼识珠

1. 控制人口增长过快的关键是（　）

A. 优生　B. 晚育　C. 少生　D. 晚婚

2. 当今我国人口状况是（　）

A. 出生率与死亡率基本平衡　B. 出生率略小于死亡率　C. 增长速度变缓　D. 急剧增长

走进生活

假设一对夫妇 20 岁生孩子，且他们的后代也都是 20 岁生孩子，400 年后，他们有几代后代？如果他们和他们的后代都是 25 岁生孩子，400 年后有几代后人？

焦点论坛

你对"丁克"家庭（他们有能力养育孩子，但却不愿意要孩子）有什么看法？

课外阅读

为什么要禁止近亲结婚

什么是近亲？近亲指的是直系血亲和三代以内的旁系血亲。我国婚姻法已明确规定，禁止直系血亲和三代以内的旁系血亲结婚。这是为什么呢？原因是在近亲结婚时所生的子女中，单基因隐性遗传病的发病率比非近亲结婚要高出 7.8 ~ 62.5 倍；先天畸形及死产的概率比一般群体要高 3 ~ 4 倍。其危害十分显著。我们要根据我国政府颁布的"婚姻法"和"中华人民共和国母婴保健法"，做好婚前检查工作，把优生工作做到婚前孕前。

人口与耕地

从 20 世纪中期以来，产粮面积——通常作为耕地面积的代名词——增加了 19%，而世界人口却增长了 132%。人口增长使耕地退化、产量减少，乃至挪作他用。随着人均产粮面积的缩减，越来越多的国家承受着失去粮食自给自足能力的危险。世界上人口增长最快的 4 个国家的情况十分明显地说明了这种发展趋向。在 1960 ~ 1998 年间，巴基斯坦、尼日利亚、埃塞俄比亚和伊朗等国的人均耕地面积减少了 40% ~ 50%。预计到 2050 年将而减至 60% ~ 70%——这只是假定农耕地不再减少条件下的一项保守的估计。其结果会使上述 4 国人口总数在 10 亿以上，而人均耕地面积仅仅在 300 ~ 600 平方米之间，小于 1950 年人均耕地面积的 1/4。

附录 3-7

1. 人口的增长会对资源、环境和社会发展产生巨大的影响。（　）

2. 我国提倡晚婚，晚婚有利于计划生育。（　）

3. 优生是控制人口的关键，少生是有利于提高我国的人口素质。（　）

4.控制人口增长过快的关键是（　　）

A.优生 B.晚育 C.少生 D.晚婚

5.当今我国人口状况是（　　）

A.出生率与死亡率基本平衡 B.出生率略小于死亡率 C.增长速度变缓 D.急剧增长

附录 3-8

亲爱的同学：你们好！首先感谢你在百忙之中抽空填写本问卷。本问卷旨在了解同学们对翻转课堂教学模式的看法。本问卷大约占用你 10 分钟时间，采用匿名方式作答，请你根据自己实际情况如实填写，你的答案仅用于学术研究，绝对严格保密。问卷中 9 题为多项选择题，其他题为单项选择题，谢谢你的配合！

一、课前学生学习情况调查

1.教师布置的课前学习任务是否太多？（　　）

A.偏多　　B.合适　　C.偏少

2.课前学习视频是否太长？（　　）

A.偏长　　B.合适　　C.偏短

3.你对利用 QQ 群平台进行课前内容的看法？（　　）

A.容易操作　　B.一般　　C.不容易操作

4.教师提供的学习资源是否充足（　　）

A.偏多　　B.合适　　C.偏少

5.你认为教师应该为你们增加哪些教学资源？（　　）

A.PPT　　B.作品案例　　C.游戏类习题　　D.其他

二、课上学生学习情况调查

6.你对课上的小组协作学习方式满意吗？（　　）

A.满意　　B.一般　　C.不满意

7.你能够积极参与到师生活动中吗？（　　）

A.积极参与　　B.参与　　C.基本不参与

8.教师能够在课堂上及时对学生提出的问题进行解答？（　　）

A.能　　B.否

9.你在课堂活动中遇到不懂的问题，你会？（　　）（多项）

A.请教老师　　B.回看视频　　C.与同学交流　　D.没有理会，问题没有解决

三、学生对翻转课堂教学模式总体情况调查

10.你喜欢翻转课堂教学模式吗（　　）

A.喜欢　　B.一般　　C.不喜欢

11.你认为翻转课堂教学能够提高学习效率吗？（　　）

A.能　　B.不能

12.翻转课堂教学模式有利于培养自主学习、自主探究、协作学习的能力吗？（　　）

A.是　　B.否

13.你愿意继续使用翻转课堂教学模式吗？（　　）

A.愿意　　B.不愿意

附录4　课堂教学中现行应用的教学模式的问卷调查表

各位同学：

大家好

由于基础教育改革的不断进行，为了解在现有教学模式下学生对生物学学习的兴趣、学生问题意识的培养、课堂参与度、当前使用的教学模式的认同度、当前课堂中所使用教学模式下学生的收获、现有教学模式下学生面临的困难等相关情况。我们编制了如下问卷。本问卷为不记名问卷，问题的答案没有对错之分。希望你能如实回答每个问题，帮助我们改进这种教学方法。

学习的兴趣

1. 你是否喜欢上生物课（　　）

A. 喜欢　B. 较喜欢　C. 不喜欢　D. 讨厌

2. 在当前采用的教学模式的课堂中你的学习兴趣（　　）

A. 很浓　B. 浓　C. 一般　D. 淡

问题意识

3. 在学习中你能发现别的同学想不到的问题（　　）

A. 经常　B. 偶尔　C. 从未有过

4. 课前，我认真预习并记下不懂的问题（　　）

A. 经常　B. 偶尔　C. 从未有过

课堂参与度

5. 你在生物课堂上经常采用的学习方式是（　　）

A. 以听讲和摘笔记为主

B. 以积极思考为主

C. 以讨论活动为主（如小组讨论讨论，同桌交流）

D. 以个人活动为主（如不听讲，自我安排）

6. 你对当前课堂中采用的这种教学模式（　　）

A. 很容易适应　B. 容易适应　C. 不适应　D. 很不适应

7. 你认为在现有教学模式下学习，能否带领大家高效掌握学习内容（　　）

A. 肯定能　B. 可能吧　C. 不一定学生的收获

8. 你认为当前使用的教学方法最能够培养你的（　　）

A. 注意力　B. 摘笔记能力　C. 问题解决能力　D. 信息搜集和加工能力

9. 通过一段时间的学习，你认为自己最大的收获在于（　　）

A. 知识的获取　B. 问题解决能力提高　C. 摘笔记能力提高

D. 合作交流能力提高　E. 注意力

面临的困难

10. 你认为在当前课堂中应用的教学模式下学习，最大的困难来自（　　）

A. 问题的解决　B. 信息的搜集和加工　C. 语言表达能力　D. 创造力

附录5 探究性实验教学问卷调查

附录5-1：探究性实验开展情况调查表

亲爱的老师：

您好！为了了解初中探究性实验的开展情况。我们设计此调查问卷，您的回答仅用作统计研究之用，调查结果与您的利益和评价无关，真切希望您根据实际情况，认真回答下列问题。

我们在此向您表示衷心的感谢！

探究实验名称	是否进行	是否对实验进行改进与创新和拓展	教学方式			不开展的原因						
			教讲解为主	老师演示为主	学生操作模仿	学生自主探究	课时不足	不影响教学成绩	难管理，不便组织	实验材料设备不完善	老师指导能力有限	其他原因
1.光对鼠妇生活的影响												
2.植物对空气湿度的影响												
3.环境对种子萌发的影响												
4.测定种子发芽率												
5.根的什么部位生长最快												
6.探究植物的呼吸作用												

探究实验名称	是否进行	是否对实验进行改进与创新和拓展	教学方式			不开展的原因						
			教讲解为主	老师演示为主	学生操作模仿	学生自主探究	课时不足	不影响教学成绩	难管理，不便组织	实验材料设备不完善	老师指导能力有限	其他原因
7.二氧化碳是光合作用必需的原料吗?												
8.探究晚婚的意义												
9.测定某种食物中的能量												
10.馒头在口腔中的变化												
11.采集和测算空气中的尘埃粒子												

附录5-2：教师对探究性实验的研究情况调查表

亲爱的老师：

您好！为了了解教师对探究性实验的研究情况，我们特设计此调查问卷。您的回答仅用作统计研究之用，调查结果与您的利益和评价无关，真切希望您根据实际情况，认真回答下列问题。

我们在此向您表示衷心的感谢！

探究实验名称	优化实验目的	改进实验原理	优化实验对象	改进实验材料	完善实验组装	优化实验方案	优化数据处理方法	对实验的拓展	进行实验的整合
1. 光对鼠妇生活的影响									
2. 植物对空气湿度的影响									
3. 环境对种子萌发的影响									
4. 测定种子的发芽率									
5. 根的什么部位生长最快									
6. 探究植物的呼吸作用									
7. 二氧化碳是光合作用必需的原料吗？									
8. 探究晚婚的意义									
9. 测定某种食物中的能量									
10. 馒头在口腔中的变化									
11. 采集和测算空气中的尘埃粒子									

附录5-3：对探究性实验教学的认识的调查问卷

教师卷

亲爱的老师：

您好！为了了解教师对探究性实验教学的认识情况，我们特设计此调查问卷。您的回答仅用作统计研究之用，调查结果与您的利益和评价无关，真切希望您根据实际情况，认真回答下列问题。我们在此向您表示衷心的感谢！

1. 你认为进行探究性实验对提高教学质量有作用吗？（　）

A. 很重要　B. 作用不大　C. 不起作用，通过讲解学生掌握的效果更好

2. 你认为探究性实验教学的意义是什么？（　）（可多选）

A. 发展学生的实践能力　B. 对理论知识的补充　C. 培养学生的操作技能　D. 突出学生的创新精神

E. 学习一种科学探究的方法　F. 提高学生学习生物学的兴趣

3. 你认为一节探究实验课的成功点在哪里？（　）

A. 实验结果必须与假设一致　B. 可以与假设不一致，但能从中找出问题解决问题

C. 严格按课本或老师的要求操作，得到结论　D. 有自己的设计思路，对实验进行改进与创新

4. 结合你的实验教学，你最常用的探究实验评价方式是（　）

A. 教师评价学生　B. 学生之间相互评价　C. 学生自评　D. 先学生评价，然后老师评价

5. 在探究实验的实施过程中，你遇到的困惑是什么（　）

A. 时间不充足　B. 课堂纪律难以控制　C. 学生不重视，像是在做游戏　D. 学生动手操作能力差

6. 你在探究实验中重视创设情境和问题引导吗（　）

A. 经常　B. 偶尔　C. 从没有　D. 很重视，认为是探究实验课的一个重要环节

7. 探究实验的教学过程，你是否把主动权教给学生？（　　）

A. 让学生严格按课本步骤进行操作

B. 鼓励学生对实验进行改进和创新

C. 教师引导，学生分小组独立设计实验

D. 把实验中能出现的问题都告诉学生，让学生按老师的要求一步一步地操作

8. 你进行的探究实验课成功率高吗？（　　）

A. 很好　B. 一般　C. 很差

9. 探究实验教学反思的形式是（　　）

A. 没有反思　B. 有想法，同事们交流一下　C. 专门记录在教案的后面，同组内进行教研

10. 探究实验实施过程中，你能对学生或小组进行有效的指导吗（　　）

A. 班额太大，力不从心　B. 不指导　C. 能有效指导

11. 你学校对探究实验的考查或考核形式是什么（　　）

A. 实验操作　B. 试卷理论考试　C. 理论和实验操作相结合　D. 学生的实验创展示新占很重要的地位

12. 你的学校实验室开放吗？（　　）

A. 从不开放　B. 有一段时间开放　C. 一直开放

13. 实验室不开放的原因是什么？实验室开放，你是怎样管理的？

14. 你鼓励学生课下对实验进行拓展和创新吗？对哪些实验进行了怎样的改进和创新？

学生卷：

亲爱的同学：

您好！为了了解学生对探究性实验教学的认识情况，我们特设计此调查问卷。您的回答仅用作统计研究之用，调查结果与您的利益和评价无关，真切希望您根据实际情况，认真回答下列问题。我们在此向您表示衷心的感谢！

1 你认为探究实验对提高你的学习成绩有帮助吗？（　　）

A. 没有　B. 有，但作用不大　C. 有，而且作用很大

2. 你喜欢上生物探究实验课吗？（　　）

A. 很喜欢　B. 一般　C. 不喜欢

3. 你对探究实验课提前预习吗？（　　）

A. 从来不预习　B. 偶尔预习　C. 经常预习

4. 做完探究实验，你明确实验的目的吗？（　　）

A 很好玩，但不知道为什么要这样做

B. 看课本才能说出实验目的

C. 实验目的很明确，能自己的语言说出设计该实验的目的

5. 你是如何设计实验方案的？（　　）

A. 严格按照课本上来操作　B. 能根据课本对实验进行改进和创新

6. 上实验课你是如何体现探究疑义的？（　　）

A. 自己能提出疑问，自己思考　B. 自己设疑，小组内讨论　C. 等老师提出疑问，再思考

7. 你在进行探究实验时，是否努力在规定的时间内完成？（　　）

A. 总能完成　B. 有时能完成　C. 从未完成

8. 你在做实验的过程中遇到问题如何解决？（　　）

A. 自己看书找答案　B. 和同学们交流解决　C. 问老师

9. 你喜欢老师用什么方法来上实验课？（　）

A. 讲授为主　B. 老师演示　C. 老师演示后模仿操作　D. 老师引导学生分组探究

10. 你认为几个人一个小组来合作来完成探究实验最好？（　）

A.2 人一组　B.3 人一组　C.4 人一组　D.4 人以上一组

11. 你对目前的探究评价方式满意吗？（　）

A. 满意　B. 一般　C. 很不满意

12. 你对课本中的探究实验进行改进和创新吗？在哪些地方做了改进？

13. 你对探究性实验教学的课堂评价形式满意吗？你最喜欢哪种评价形式？

附录 5-4：初中生学习生物兴趣与态度调查问卷

亲爱的同学：

您好！感谢您在紧张的学习之余来回答我们的问卷。我们进行此次调查的目的是了解当前初中生对生物课的兴趣、态度的情况，您的回答仅用作统计研究之用，调查结果与您的利益和评价无关，真切希望您根据实际情况，认真回答下列问题。下面每题都有五个选项：A—很符合自己情况 B—比较符合自己情况 C—介于符合与不符合之间 D—不大符查自己情况 E—很不符合自己情况，请在与您情况最相符的选项中打"√"。

我们在此向您表示衷心的感谢！

初中生学习生物兴趣与态度调查问卷

序号	内容	A	B	C	D	E
1	如果课前得知生物课不上了，我会感到很失望					
2	我觉得生物能让我们更科学的解释一些生活现象，很有用					
3	在生物课上，我的思维特别活跃，精力格外集中					
4	我经常阅读一些生物学课外书籍					
5	我对生物课外活动非常感兴趣					
6	每节生物课，我感觉很充实，时间过得很快。					
7	课下我会积极的预习下一节生物课的内容					
8	我喜欢探究性实验，课下会主动探究					
9	在探究过程中，我喜欢承担主要角色					
10	我喜欢观察奇妙的生物实验现象，并对一些现象产生疑问					

附录 5-5：生物学探究实验教学中学生探究创新能力的调查问卷

同学们，你们好！你们进行探究实验已经有一段时间了，为了了解你们的探究创新能力发展情况，特制作了本问卷，希望同学们按自己的真实情况填写，您的回答仅用作统计研究之用，调查结果与您的利益和评价无关，真切希望您根据实际情况，认真回答下列问题。下面每题都有五个选项：A—很符合自己情况 B—比较符合自己情况 C—介于符合与不符合之间 D—不大符查自己情况 E—很不符合自己情况，请在与您情况最相符的选项中打"√"。

我们在此向您表示衷心的感谢！

序号	内容	A	B	C	D	E
1	我能提出探究问题，并制定可行性的探究方案					
2	我能对探究过程进行质疑，并调整和改善					
3	我能设计探究实验，来解决教学中的一些问题					
4	我能从生活中发现问题，并进行探究验证					
5	我会充分利用现有的资源，对实验材料和装置进行改进创新					
6	相同的实验内容，我能有好几种方法来验证					
7	对课本中的知识，我能进一步提出问题，进一步探究					
8	我能对教材中实验数据的测量与统计进行优化					
9	我能用一定的材料来完成一系列的实验					
10	对于同一探究问题，我能设计两种以上的探究方案					

附录5-6：2015—2016学年度第二学期期末检测题

初一生物

注意事项：

1.本试题分第Ⅰ卷（选择题）和第Ⅱ卷（非选择题）两部分。第Ⅰ卷（1-4页）为选择题，56分；第Ⅱ卷（5—8页）为非选择题，39分；卷面分5分，共100分。考试时间为60分钟。

2.答第Ⅱ卷时，须用钢笔或圆珠笔直接答在试题卷中（除题目有特殊规定外）。

3.检测结束后，由监考教师把第Ⅱ卷收回。

选择题答题栏

题号	1	2	3	4	5	6	7	8	9	10	11	12	13	14
答案														
题号	15	16	17	18	19	20	21	22	23	24	25	26	27	28
答案														

第Ⅰ卷（选择题共56分）

一、选择题（本题共28个小题，每小题2分，共计56分。在每题给出的四个选项中，只有一项是符合题目要求的，把正确答案填在第Ⅱ卷的答题栏中）

1."西湖春色归，春水绿与染"和"苔痕上阶绿，草色入脸青"分别描述了哪两类植物繁殖后的自然景观？（　）

A.藻类植物和蕨类植物　B.苔藓植物和蕨类植物

C.苔藓植物和藻类植物　D.藻类植物和苔藓植物

2."种子有果皮包被着"是被子植物区别于裸子植物的主要特征，"果皮"是指（　）

A.最外侧的皮　　　　B.由子房壁发育成的部分

C.由子房发育成的部分　D.由胚珠发育成的部分

3.一粒种子能够长成一棵大树，从种子结构来说，主要是由于种子内有（　）

A.子叶中的营养物质　B.胚根扎根于土中

C. 种皮保护着种子　　D. 有完整的胚

4. 下面关于一棵松子和一粒葵花轩的说法，正确的是（　　）

A. 都是果实　B. 葵花籽是果实，松子是种子

C. 都是种子　D. 葵花籽是种子，松子是果实

5. 将100克绿豆种子培育成300克的绿豆芽（幼叶未长出）的过程中，绿豆中有机物的变化如图所示，正确的是（　　）

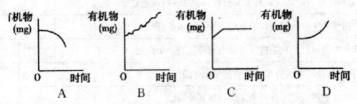

6. 热带雨林主要分布在赤道附近，被誉为地球之"肺"。这是因为热带雨林（　　）

A. 调节气候，增加降水　　　　　　B. 生物种类多样

C. 吸收大量的二氧化碳，释放大量的氧气　D. 保持水土，涵养水源

7. 我国南方有"竹有多大，竹有多粗"的说法，即竹笋初钻出土面后就与长成后同样粗细。这说明竹茎的结构中没有（　　）

A. 韧皮部　B. 形成层　C. 木质层　D. 髓

8. 俗话说："树怕伤皮，不怕空心"，其中的道理在于（　　）

A. 树皮起保护作用

B. 树皮中有韧皮纤维，剥了树皮后无法起到支持作用

C. 树皮里有筛管，剥皮后无法运输有机物到根部

D. 树皮里有导管，剥皮后无法运输水分和无机盐到枝叶

9. 在下列条件下，播种在土壤里的种子，可能萌发的是（　　）

A. 种子的种皮和胚乳受到少许损伤　B. 种子处于休眠状态

C. 土壤的温度和湿度不适宜　　　　D. 土壤板结而缺乏空气

10. 在发生水灾的时候，农作物被水淹没，当洪水退去后，农民要进行"洗苗"，洗去农作物上的泥沙。这主要是为了（　　）

A. 保证植物足够的水分　B. 清除洪水带来的污染物

C. 保证气孔畅通　　　　D. 防止作物受重压倒伏

11. 关于藻类植物在生物圈中的作用以及与人类关系的说法中，不正确的是（　　）

A. 通过光合作用释放出氧，维持大气中氧和二氧化碳的平衡

B. 生活在淡水、海水中的各种藻类植物是鱼类水生动物的饵料

C. 许多藻类，特别是海藻，如海带、紫菜等可以食用和药用

D. 藻类植物与人类的关系不是太密切，所以经济价值不是太大

12. 下列有关果实和种子的叙述，正确的是（　　）

A. 苹果的食用部分由胚珠发育而成　B. 花生的外壳由珠被发育而成

C. 大豆的子叶由受精卵发育而成　　D. 西瓜子的外壳由子房壁发育而成

13. 地球上植物种类繁多，它们中有高达90多米的裸子植物，也有矮至几毫米的苔藓植物，甚至还有连肉眼都看不见的单细胞藻类植物。这些肃静无声的生命为我们提供了赖一生存的两类基本物质，这两类基本物质是（　　）

A. 水、二氧化碳　　　B. 氧气、水

C. 葡萄糖、二氧化碳　D. 有机物、氧气

14. 最容易找到苔藓植物的环境是（　　）

A. 向阳潮湿，无污染的环境　B. 背阴潮湿，有污染的环境

C. 向阳干燥，有污染的环境　D. 背阴潮湿，无污染的环境

15. 小明想探究某一品种的种子萌发与水分的关系，其中设计方案如下表所示。你认为小明的设计中，不妥当的是（　　）

种子数量	光照	温度	水分	空气
50 粒	有光	30℃	水适量	通风
50 粒	有光	10℃	无水	通风

A. 光照　B. 温度　C. 水分　D. 空气

16. 人们休闲之余有在森林公园散步的习惯，你认为什么时候更有益于健康（　　）

A. 早晨　B. 上午　C. 傍晚　D. 夜间

17. 张明同学利用五一假期旅游的大好时机，对所到景区的植物进行了一番调查。他将观察到的水稻、西瓜、松树、白菜、银杏、西红柿归一类，把海带、地钱、葫芦藓、铁线蕨、卷柏、满江红归为一类。张明同学分类的依据是（　　）

A. 有根或无根　B. 有种子或无种子

C. 生活环境　　D. 有果实或无果实

18. 为了探究某种植物种子萌发的最适条件，小帆同学将不同含水量的该种植物的种子置于 22°C 的条件下进行培养，实验时保持其他环境条件适宜并相同。记录 7 天后植物种子的萌发情况，结果如下表所示，据表中的数据所得出的下列结论，正确的是（　　）

种子含水量%	20	30	40	50	60	70	80
萌发的种子数	8	16	33	56	73	86	81

A. 该实验数据表明，该植物种子萌发的最适温度为 22℃

B. 该实验数据表明，在环境温度为 22℃时，该植物种子萌发的最适含水量约为 70%

C. 该实验数据表明，在环境温度为 22℃时，该植物种子含水量越大，萌发率越高

D. 该实验数据表明，该植物种子的萌发率与光照无关

19. 大自然是我们绝好的课堂。当你和同学们漫步绿树成荫、遍地青草的林间小路上，你会感觉到空气特别地清新和湿润，此时你会想到这是绿色植物的什么作用改善了空气的质量？（　　）

A. 光合作用和呼吸作用　B. 蒸腾作用和运输作用

C. 光合作用和蒸腾作用　D. 呼吸作用、蒸腾作用和运输作用

20. 生物学家得到一些细胞碎片，这些碎片可以吸收氧气，放出二氧化碳，这些碎片是（　　）

A. 叶绿体　B. 线粒体　C. 细胞核　D. 液泡

21. 一位同学做出假设，与埋在土壤中相比，置于土表的种子，其发芽率低。该同学将 5 粒蚕豆种子埋在一土壤下面，另 5 粒种子置于土壤表面。所得资料见下表。为证明这一结果的可信度，这位同学应（　　）

种子处理	萌发种子数
埋入土下	4
置于土表	3

A. 修改所作假设

B. 有足够多的种子重复这一实验

C. 将实验装置放在阳光下

D. 得出结论：种子的发芽率与种子埋入土壤的深度有关，埋入的越深发芽率越高

22. 分别把一段绿色的枝条分别放在甲、乙两个玻璃罩内。在甲玻璃罩内放一杯清水，乙玻璃罩内放入一杯氢氧化钠溶液（氢氧化钠溶液可以吸收 CO_2）。把他们放在黑暗中一天，然后移到光下照射几小时。分别剪下一片绿叶，放在酒精里隔水加热，脱去叶绿素。用清水冲洗干净，再滴上几滴碘液，这个实验可以证明（ ）

A. 光合作用需要水　　B. 光合作用需要 CO_2

C. 呼吸作用需要氧气　D. 呼吸作用能产生 CO_2

23. 把新鲜的水草养在养鱼缸里，主要作用是（ ）

A. 好看　B. 为鱼提供氧气　C. 为鱼提供饵料　D. 吸收二氧化碳

24. 为了充分利用阳光，提高单位面积的产量，农业生产上主要采用（ ）①合理密植②增加植株密度③间作套种④多施肥多浇水

A. ①②　B. ③④　C. ②④　D. ①③

25. 近年来我国东北、华北、华东地区持续发生多起扬尘和沙尘暴天气，造成这一现象的重要原因之一是（ ）

A. 大气污染　B. 土壤污染　C. 火山爆发　D. 植被遭破坏

26. 草场的不合理利用一般表现在（ ）

A. 不合理的开垦　B. 过度放牧　C. 破坏草原植被　D. 以上均是

27. 人类保护森林资源的最佳方案是（ ）

A. 禁止砍伐树木，防止生态平衡破坏　B. 根据需求，可随意采伐树木

C. 有计划、有选择地采伐树木　　　　D. 一次性采伐，一次性造林，省工省时

28. 小麦生长的后期（灌浆期和成熟期），其光合作用的产物主要用于籽粒的生长和发育，该期间小麦吸收的水分主要用于（ ）

A. 光合作用　B. 蒸腾作用　C. 果实的生长发育　D. 秸秆的生长发育

第Ⅱ卷（非选择题，共 7 个小题，共 39 分）

二、理解与应用（32 分）

1.（5 分）现在生物圈中已知的绿色植物大约有种，这些绿色植物的形态各异，也有千差万别，可以分成四大类群：_____、_____、_____ 和种子植物。

2.（5 分）一个地区内生长的叫作这个地区的植被。我国主要的植被类型有 _____、_____、常绿阔叶林、落叶阔叶林、针叶林。在我国的植被中，占据了主体。

3.（5 分）自然万象："碧玉妆成一树高，万条垂下绿丝绦。不知细叶谁裁出，二月春风似剪刀。"这是大家熟悉的歌咏春风绿柳的诗句。请回答下列问题：

（1）万千枝条及其绿叶都是由发育成的，并且都是由组织的细胞经分裂和分化形成的。

（2）一棵幼小的柳树苗，沐浴着灿烂的阳光，吮吸着大地的乳汁，逐年加粗。使柳树逐年加粗的结构是。

（3）我们用的木质课桌及铅笔皮都是由柳树茎的部分做成的。

（4）记载着柳树的成长"足迹"，并可依据它推算柳树的年龄。

4.（5 分）冬天，菜农在塑料大棚里种植了黄瓜、西红柿等蔬菜。请分析回答下列问题：

（1）在天气晴朗、温度适宜、肥料和水分供应充足的条件下，为保证蔬菜的正常生长，常采取的简易措施是。

（2）夜间适当降低棚内温度，可以提高产量，这是因为温度较低时蔬菜的减弱，减少了有机物的消耗。

（3）在光照充足的条件下，若发现种植的蔬菜矮小瘦弱、叶片发黄，此时应该及时。

（4）黄瓜花属于虫媒花，为提高大棚黄瓜的结果率，应采取的措施是。

（5）在大棚内壁上出现的大量水珠，其中一部分来自蔬菜的蒸腾作用。请你在不影响蔬菜正常生长的前提下，设计一个简便的实验加以验证。

5.（7分）你种过花吗？让我们一起养一盆美丽的凤仙花吧！

（1）选种子：要选的凤仙花种子，不要混入干瘪或被虫子咬过的种子，这样才能保证出苗整齐。

（2）准备花盆：最好用盆底有小洞的瓦盆，是因为。

（3）播种：把疏松的土倒进盆中，挖5厘米深的小洞，把种子埋人，浇一些水，想一想，种子萌发需要外界条件。

（4）发芽：大约两周后就会有小芽破土而出，它是种子的发育来的。

（5）开花：经过相当长一段时间的生长发育，凤仙花长出了花苞，美丽的花朵开放，这些美丽的花朵对凤仙花本身有作用。

（6）结果：败落的花结了果，果实由绿变黄，找一只黄色的果实，用手轻碰一下，种子会像子弹一样飞弹出来，这个特性对凤仙花的分布有什么好处？。

（7）收获：收集颗粒饱满的种子，用纸包起来，写上名字。应当把它们放在的地方，来年春天我们又可以种一盆美丽的凤仙花了。

6.（5分）农业生产中，在保证水、肥等充足的条件下，要让农作物最大限度地利用太阳光能，提高单位面积的产量。下图（一）所示叶片在阳光下进行的一些生理活动；图（二）所示叶面积指数与农作物光合作用和呼吸作用两个生理过程的关系（叶面积指数是单位面积上植物的总叶面积，叶面积指数越大，叶面交错重叠程度越大）。请据图回答下列问题：

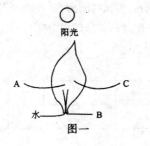
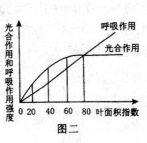

（1）若 A 表示二氧化碳，则 C 表示；叶制造的有机物是通过叶脉中的 ＿＿＿＿＿＿＿＿ 运输到其他器官的；若 C 表示水，此时图（一）表示叶片正在进行。

（2）叶面积指数为时，对农作物的增产最有利。

（3）通过对图（二）曲线的分析，你得出的结论是。

三、实验与探究（7分）

7.（7分）为了探究植物的光合作用是否需要光，小刚同学设计并完成了如下图所示的实验。请你对他的实验进行分析，然后回答有关问题：

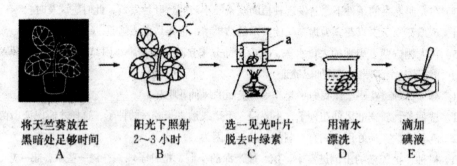

将天竺葵放在　　　阳光下照射　　　选一见光叶片　　　用清水　　　滴加
黑暗处足够时间　　2～3小时　　　脱去叶绿素　　　漂洗　　　碘液
　　A　　　　　　　　B　　　　　　　　C　　　　　　D　　　　　E

（1）实验时首先将植物放在黑暗处，其目的是使叶片中的（填"脂肪"或"淀粉"）运走耗尽。

（2）图中 a 选用的液体应该是（填"酒精"或"清水"），其作用是。

（3）滴加碘液后叶片变成了蓝色，说明叶片中产生了。

（4）小刚的实验设计中有不足之处，表现在没有设置实验。

（5）请你写出完善该实验的具体方法。（2分）。

附录 5-7：2016—2017 学年度第二学期期末检测题

初二生物

注意事项：

1.本试题分第Ⅰ卷（选择题）和第Ⅱ卷（非选择题）两部分。第Ⅰ卷（14页）为选择题，56分；第Ⅱ卷（5～8页）为非选择题，39分；卷面分5分，共100分。考试时间为60分钟。

2.答第Ⅱ卷时，须用钢笔或圆珠笔直接答在试题卷中（除题目有特殊规定外）。

3.检测结束后，由监考教师把第Ⅱ卷收回。

选择题答题栏

题号	1	2	3	4	5	6	7	8	9	10	11	12	13	14
答案														
题号	15	16	17	18	19	20	21	22	23	24	25	26	27	28
答案														

第Ⅰ卷（选择题共 56 分）

一、选择题（本题共 28 个小题，每小题 2 分，共计 56 分。在每题给出的四个选项中，只有一项是符合题目要求的，把正确答案填在第Ⅱ卷的答题栏中）

1.下列与人的生活方式相关的疾病有（　）

A.心血管疾病　B.肺结核　C.血友病　D.色盲

2.老师和同学都夸小强是个社会适应能力很强的人，主要表现在（　）

A.情绪非常稳定　　　　B.有抵抗传染病的能力

C.做事时注意力集中　D.能主动和陌生人打招呼，与同学关系相处融洽

3."眼睛是心灵的窗口"，眼睛中含有感光细胞的是（　）

A.巩膜　B.脉络膜　C.视网膜　D.虹膜

4.李老师戴着眼镜在办公室批阅作业，这时听到学生的报告声，为了看清是哪个学生，他摘下了眼镜。

你认为李老师的眼睛是（ ）

A.正常 　B.近视 　C.远视 　D.假性近视

5.饮酒过量的人表现为语无伦次、走路摇晃、呼吸急促，在脑结构中分别与之相对应的是：（ ）

①大脑②小脑③脑干

A.③②① 　B.②①③ 　C.③①② 　D.①②③

6.人的手偶然碰到了火就会立刻收回，但有时因某种需要，不但不缩手，还能将手主动地伸向炽热的物体。此种现象的生物学基础是（ ）

A.缩手反射的中枢在大脑皮层，可随意控制

B.缩手反射的中枢受大脑控制

C.缩手反射的中枢在脊髓

D.大脑皮层抑制了痛觉中枢的功能

7.某山区的溪流中，常发现不变态的巨型蝌蚪。由此推断，当地婴儿比其他地区患病机会增多的疾病是（ ）

A.呆小症 　B.糖尿病 　C.侏儒症 　D.坏血病

8.科学家为了证明某一观点先后做了以下实验：①破坏蝌蚪的甲状腺，发现蝌蚪停止发育，不能发育为成蛙；②在饲养缸的水中放入甲状腺激素，破坏了甲状腺的蝌蚪又发育为成蛙。这两个实验可以证明（ ）

A.甲状腺能分泌甲状腺激素 　　B.甲状腺激素能促进幼年动物个体的发育

C.生长激素能促进蝌蚪的生长 　D.A 和 B

9.下图是某人在饭前、饭后血糖含量变化曲线。引起图中 d ~ e 段血糖浓度快速下降的激素是（ ）

A.胰岛素 　B.甲状腺激素 　C.雌性激素 　D.雄性激素

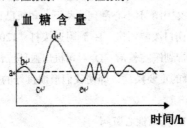

10.造成"温室效应"的原因是人类向大气排放了大量的（ ）

A.CO 　B.CO_2 　C.SO_2 　D.NO_2

11.近年来，我国许多城市禁止汽车使用含铅汽油，其主要原因是（ ）

A.提高汽油燃烧值 　　　　B.降低汽油成本

C.避免铅的化合物污染大气 　D.铅资源短缺

12.近十年来，洞庭湖水域环境遭到破坏，你认为采取何种措施有助于改变现状（ ）

①禁止捕鱼②污水净化后排放③减少农药化肥的使用④防洪排涝⑤禁止开设水上餐馆

A.①②④ 　B.①③④ 　C.②③⑤ 　D.①④⑤

13.2007 年 12 月 3 日，在国务院办公厅下发的《关于限制生产销售使用塑料购物袋的通知》中指出，从 2008 年 6 月 1 日起，在所有超市、商场、集贸市场等商品零售场所实行塑料购物袋有偿使用制度，一律不得免费提供塑料购物袋。下列对落实通知精神的理解，错误的是（ ）

A.禁止生产、销售、使用塑料购物袋 　B.提倡使用竹篮等传统物品代替塑料购物袋

C.提高废塑料的回收利用水平 　　　　D.研制、使用可降解的材料。如"玉米塑料"等

14.南极上空出现了一个巨大的臭氧层空洞,因而太阳照射到地球表面的紫外线增多,使生物受到影响。臭氧层空洞产生的原因是（　　）

A.排放汽车尾气　B.使用含氟制冷剂　C.二氧化碳增多　D.大量使用农药

15.艾滋病是由"人类免疫缺陷病毒（HIV）"引起的,下列哪项不是预防艾滋病的措施（　　）

A.加强性教育　　　　　　　B.严禁吸毒

C.严格管理血液和血液制品　D.不准与艾滋病患者接触

16.我国政府为在20世纪末在中国消灭小儿脊髓灰质炎,连续3年在每年的12月和次年的1月,对全国6岁以下的儿童进行强化免疫,服用脊髓灰质炎疫苗。从预防传染病流行的角度看,这样做的目的是为了（　　）

A.人工免疫　B.控制传染源　C.切断传播途径　D.保护易感者

17.某人与一麻疹患者接触后,并没得麻疹,是因为（　　）

A.这个人过去可能得过麻疹或接种过麻疹疫苗　B.这个人抵抗力强

C.这个人遗传素质好　　　　　　　　　　　　D.这个人的皮肤起了保护作用

18.接种卡介苗可以预防结核病,是因为（　　）

A.卡介苗能激活人体的吞噬细胞,将结核杆菌吞噬

B.卡介苗能使人体在不发病的情况下,产生抵抗结核杆菌的抗体

C.卡介苗能促进人体的各项生理活动,增强抵抗力

D.卡介苗进入人体后能直接消灭侵入人体的结核杆菌

19.在拨打"120"急救电话之前,你必须讲清楚的三点是（　　）

A.你的地址、姓名、症状　　　　　　B.你的单位、姓名、症状

C.病人的地址、发病的症状、天气情况　D.天气情况、地址、症状

20.王明放学回家,路上遇到一农用车不小心翻到公路下,司机已昏迷,下列做法不合理的是（　　）

A.到附近取来清水为司机清洗伤口泼醒司机　B.到附近拨打"120"求救

C.请求其他司机将农用车司机带到医院救治　D.对司机出血部位包扎,防止出血过多

21.心血管疾病是威胁人类健康的重要疾病,即使我们形成良好的生活习惯,有的也是不能避免的。下列疾病中属于这种情况的是（　　）

A.高血压　B.冠心病　C.高血脂　D.先天性心脏病

22.下图为反射弧的结构模式图。下面各项叙述中不正确的是（　　）

A.若图表示膝跳反射的反射弧,则c代表脊髓的神经中枢

B.若图表示看到酸梅分泌唾液的反射弧,则a代表眼球的视网膜

C.若图表示听到铃声进入教室的反射弧,则a代表耳的鼓膜

D.若图表示使运动协调和维持身体平衡的反射弧,则c代表小脑的神经中枢

23.当你情绪不好时,不应该（　　）

A.分散自己的注意力　B.向知心朋友去诉说

C.自我安慰　　　　　　D.吃营养品进行大脑保健

24.环境污染已成为人类面临的重大威胁,各种污染数不胜数,下列与环境污染无关的是（　　）①酸

雨②潮汐③赤潮④水俣病⑤大脖子病⑥痛痛病

    A.①②③   B.②④   C.②⑤   D.③⑤

25. 当遇到人因溺水、煤气中毒或触电等以外事故突然停止呼吸，同时心脏停止。在拨打"120"急救电话的同时，应采取下面哪项急救措施（　　）

    A. 紧急实施人工呼吸的同时实施胸心脏外挤压   B. 等救护车赶来

    C. 紧急实施人工呼吸   D. 紧急实施胸外心脏按压

26. 学以致用是我们学习生物学的目的和归宿。下列说法错误的是（　　）

    A. 内耳包括半规管、前庭、听小骨。其中听小骨内有听觉感受器

    B. 健康是指一种身体上、心理上和社会适应方面的良好状态，而不仅仅是没有疾病。

    C. 心情愉快是儿童青少年心理健康的核心

    D. "生活方式病"或"现代文明病"是当今影响人类健康的主要疾病

27. 当你的朋友或家人因病需要服药时，从安全用药的角度考虑，你应该提醒他们注意药品的（　　）

①生产企业与日期、有效期、批准文号②是不是广告推荐③功能、用量④不良反应、禁忌证

    A.①③④   B.①②③   C.②③④   D.①②④

28. 某地区发现一种新的疾病。开始的时候患病的人数不多，但却有不断增强的趋势，这些患者都有直接或间接相互接触的病史。对此，下列看法不正确的是（　　）

    A. 可能是一种遗传病   B. 这种病可能是由病原体引起的

    C. 这种病具有传染性和流行性 D. 应设法立即将患者隔离

第Ⅱ卷（非选择题，共 7 个小题，共 39 分）

二、理解与应用（32 分）

1.（2 分）神经系统调节人体活动的基本方式是，实现它的结构基础是。

2.（8 分）据报道：1952 年 2 月，某城市雾大无风，家庭和工厂排出的烟雾经久不散，每立方米大气中二氧化硫的含量高达 3.8 毫克，烟尘达 4.5 毫克，居民健康普遍受到危害，4 天内死亡约 4000 人。

  （1）这种大气污染对人体的系统危害最大，而且它还能随着进入其他系统，会造成咳嗽、呼吸困难、神经衰弱等病症。可见，空气质量严重影响了人体的。

  （2）这种类型的大气污染可能进一步形成，使植物枯萎，腐蚀建筑物和户外雕塑。

  （3）请结合实际，分析当地空气被污染的原因还有哪些？（至少 4 条）（2 分）

  （4）要防止类似的悲剧出现，应采取什么措施？（至少 3 条）（2 分）

3.（5 分）药物可分为和；在使用前，首先要仔细阅读，了解药物的 _____、_____、用法、用量、药品规格、注意事项和有效期等，以确保用药的安全。

4.（6 分）科学家研究证明，慢性、非传染性疾病除了受和影响外，还与个人的有关。大多数慢性病是在期发生的，但是与之有关的许多，却是在时期形成的。

5.（3 分）老师和同学都认为张华同学是品学兼优、真正健康的人，因为他：①每天都以旺盛的精力学习；②积极参加集体活动，为班级争取荣誉；③团结同学，助人为乐；④体育成绩优秀；⑤大多数时候心情愉快；⑥做事和读书时注意力集中。

  以上属于心理范畴的有 _____；属于身体方面的有 _____；属于社会适应能力方面的有 _____。（只填序号）

6.（8 分）关于艾滋病这一世界性顽疾，你了解多少呢？下表是 2000 年我国关于 HIV 通过血液传播的统计表。请根据数据回答下列问题：

血液传播途径	例数
静脉注射毒品	346
输血	107
血液制品	8

（1）从数据中可以看出，艾滋病在血液传播的三种途径中，是主要的途径，因此，我们必须拒绝_____。

（2）艾滋病是由人类免疫缺陷病毒（HIV）引起的，那么"HIV"是这种传染病的，艾滋病患者属于_____。

（3）为了更好地预防艾滋病，很多科研工作者正在研制艾滋病疫苗，期望人们获得对艾滋病的免疫力，这种免疫属于，而疫苗相当于。这种预防传染病的措施属于_____。

（4）母亲可以通过乳汁把HIV病毒传给婴儿，乳汁就是这种传染病的_____。

三、实验与探究（7分）

7.（7分）请就"探究烟草浸出液对水蚤心率影响"的实验，回答有关问题：

（1）水蚤很微小，观察临时装片时（水蚤心率）要用到_____和计时器。

（2）一只水蚤只能做两次实验，应先在中观察，再在某一浓度的烟草浸出液中观察。其先后顺序不能颠倒，因为_____。

（3）某同学配制烟草浸出液的方法是：取A、B、C、D 4个小烧杯，分别加入50ml、40ml、30ml、20ml清水，再分别向4个烧杯中加入1支同种香烟的烟丝，浸泡一昼夜后滤汁备用。

实验数据如下：水蚤在不同液体中的心率

液体种类	清水	A杯溶液	B杯溶液	C杯溶液	D杯溶液
10s内心跳次数	35	36	37	39	41

可以得出结论：烟草浸出液对水蚤心率影响，且烟草浸出液浓度越高，水蚤的心率越_____。

（4）许多青少年在学生时期就养成吸烟的坏习惯，你知道吸烟对人体有什么危害吗？（2分）

参考文献

张治. 初中生物实验笔记 [M]. 上海教育出版社，2016.

程锐创著. 学生发展核心素养视域下的课堂教学指南：初中生物 [M]. 东北师范大学出版社 .2017

李高峰，吴成军. 初中生物学有效教学 [M]. 北京师范大学出版社，2015.

刘艳红. 初中生物实验有效教学研究 [M]. 华南理工大学出版社，2012.

王安利. 初中生物学教科书经典教学实验介评 [M]. 广东科技出版社，2013.

李高峰，吴成军. 初中生物学有效教学模式 [M]. 北京师范大学出版社，2014.

申招斌. 思维导图：初中生物（第 6 次修订）[M]. 湖南教育出版社，2014.

张颖. 新修订后的课程标准初中生物高效教学 [M]. 南京大学出版社，2014.

丛书总蒋洪兴，田长青，王聚元. 以学定教以教导学：教学模式和课型的选择与应用，初中生物 [M]. 东北师范大学出版社，2014.

《初中生物学用表》编写组. 初中生物学用表 [M]. 北京教育出版社，2013.

张东升. 初中生物的那些事儿 [M]. 电子工业出版社，2013.

张小勇，王一丁. 初中生物学探究教学设计 [M]. 四川师范大学电子出版社，2013.

倪左. 初中生物学业质量评价标准 [M]. 辽宁师范大学出版社，2013.

优才教育研究院. 初中生物课堂教学典型问题解决案例 [M]. 四川大学出版社，2013.

雷佩红. 初中生物探究式教学探索与实践 [D]. 湖南师范大学，2013.

黄鹤. 初中生物学科探究教学现状分析 [D]. 东北师范大学，2012.

王惠琴. 初中生物课堂有效教学策略研究 [D]. 江南大学，2013.

董楠. 初中生物科学探究教学模式实验研究 [D]. 陕西师范大学，2012.

吴楠. 初中生物课教学中学习兴趣的培养初探 [D]. 重庆师范大学，2012.

于俊萍. 高效初中生物小组合作学习方式探究 [D]. 山东师范大学，2012.

俞庆育. 初中生物自主学习之"导学案助学"模式的构建 [D]. 苏州大学，2012.

王丽娜. 初中生物实验探究教学培养学生创新能力的实践探索 [D]. 苏州大学，2012.

李曼菱. 基于翻转课堂的初中生物教学实践探索 [D]. 华中师范大学，2015.

李响. 翻转课堂在初中生物实验教学中的应用研究 [D]. 河北师范大学，2016.

李学芝. "学案导学"在初中生物教学中的应用研究 [D]. 山东师范大学，2012.

张华. 初中生物学案设计 [D]. 山东师范大学，2012.

马利娟. 对初中生物教学中生命教育现状的探究 [D]. 河南大学，2014.

王秀春. 概念图在初中生物教学中的应用研究 [D]. 山东师范大学，2012.

陈艳. 在初中生物教学中运用教材插图的案例研究 [D]. 南京师范大学，2015.

孙丽. 探究式教学在初中生物教学中的运用 [D]. 山西师范大学，2015.

马文净. 初中生物学学案导学教学模式探讨 [D]. 华中师范大学，2013.

王晓蕾. 新课标下初中生物探究式教学应用的研究 [D]. 哈尔滨师范大学，2016.

韩晓燕. 导学案引领下初中生物高效课堂模式的构建研究 [D]. 内蒙古师范大学，2014.